让学生循序渐进地
掌握科学阅读方法

一本书像一艘船
带领我们从狭隘的地方
驶向人生的无限广阔的海洋

经典润泽心灵
文学点亮人生

读一本好书
点亮一盏心灯
用经典之笔
打好人生底色
与名著为伴
塑造美好心灵

悦读悦好

教育部推荐

语文新课标必读丛书

森林报 春

SENLINBAO CHUN

[苏] 比安基 / 著

博尔 / 改编

权威专家亲自审订 一线教师倾力加盟

重庆出版集团 重庆出版社

图书在版编目（CIP）数据
森林报·春 / (苏) 比安基著；博尔改编. — 重庆：重庆出版社, 2015.5（2016.7重印）
ISBN 978-7-229-09682-3

Ⅰ. ①森… Ⅱ. ①比… ②博… Ⅲ. ①森林 – 少儿读物
Ⅳ. ①S7-49

中国版本图书馆CIP数据核字(2015)第069410号

森林报·春
（苏）比安基　著　博尔　改编

责任编辑：王　炜
装帧设计：文　利

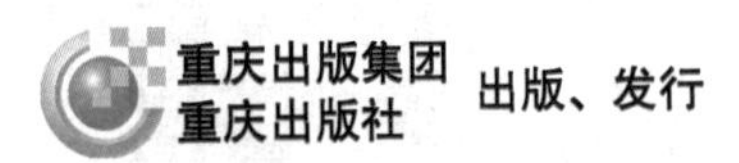
重庆出版集团
重庆出版社
出版、发行

重庆市南岸区南滨路162号1幢
邮政编码：400061　http://www.cqph.com
北京彩虹伟业印刷有限公司印刷
全国新华书店经销

开本：710mm × 1000mm　1/16　印张：9　字数：110千
2015年5月第1版　2016年7月第3次印刷
ISBN 978-7-229-09682-3
定价：30.00元

如发现质量问题，请与我们联系：（010）52464663

◎扬起书海远航的风帆◎

——写在“悦读悦好”丛书问世之际

阅读是中小学语文教学的重要任务之一。只有把阅读切实抓好了，才可能从根本上提高中小学生的语文水平。

青少年正处于求知的黄金岁月，必须热爱阅读，学会阅读，多读书，读好书。

然而，书海茫茫，浩如烟海，该从哪里“入海”呢？

这套“悦读悦好”丛书的问世，就是给广大青少年书海扬帆指点迷津的一盏引航灯。

“悦读悦好”丛书以教育部制定的《语文课程标准》中推荐的阅读书目为依据，精选了六十余部古今中外的名著。这些名著能够陶冶你们的心灵，启迪你们的智慧，营养丰富，而且“香甜可口”。相信每一位青少年朋友都会爱不释手。

阅读可以自我摸索，也可以拜师指导，后者比前者显然有更高的阅读效率。本丛书对每一部作品的作者、生平、作品特点及生僻的词语均作了必要的注释，为青少年的阅读扫清了知识上的障碍。然后以互动栏目的形式，设计了一系列理解作品的习题，从字词的认读，到内容的掌握，再到立意的感悟、写法的借鉴等，应有尽有，确保大家能够由浅入深、循序渐进地掌握科学阅读的基本方法。

本丛书为青少年学会阅读铺就了一条平坦的大道，它将帮助青少年在人生的路上纵马奔驰。

本丛书既可供大家自读、自学、自练，又可供教师在课堂上作为“课本”使用，也可作为家长辅导孩子学好语文的参考资料。

众所周知，阅读是一种能力。任何能力，都是练会的，而不是讲会的。再好的“课本”，也得靠同学们亲自费眼神、动脑筋去读，去学，去练。再明亮的“引航灯”，也只能起引领作用，代替不了你驾轻舟乘风破浪的航行。正所谓“师傅领进门，修行靠个人”。

作为一名语文教育的老工作者，我衷心地祝福青少年们：以本丛书升起风帆，开启在书海的壮丽远航，早日练出卓越的阅读能力，读万卷书，行万里路，成为信息时代的巨人！

高兴之余，说了以上的话，是为序。

人民教育出版社编审 张定远
原全国中语会理事长
2014.10 北京

◎ 悦读悦好 ◎

——用愉悦的心情读好书

很多时候，我们往往是有了结果才来探求过程，比如某同学考试得满分或者第一名，大家在叹服之余自然会追问一个问题——他（她）是怎么学的？……

能得满分或第一名的同学自然是优秀的。但不要忘了，其实我们自己也很优秀，我们还没有取得优异成绩的原因可能是勤奋不够，也可能是学习意识没有形成、学习方法不够有效……

优秀的同学非常注重自身的修炼，注意培养良好的学习习惯和学习能力，尤其是总结适合自己的学习方法和学习途径。阅读是丰富和发展自己的重要方法和途径，阅读可以使我们获得大量知识信息，丰富知识储量，阅读使我们感悟出更多、更好的东西——我们在阅读中获得、在阅读中感悟、在阅读中进步、在阅读中提升。

为帮助广大学生在学习好科学知识、取得理想的学业成绩的同时，还能培养良好的学习意识和学习能力、构建科学的学习策略，形成属于自己的学习方法和发展路线，我们聘请全国教育专家、人民教育出版社语文资深编审张定远、熊江平、孟令全等权威专家和一批资深教研员、名师、全国著名心理学咨询师联袂打造本系列丛书——“悦读悦好”。丛书精选新课标推荐名著，在构造上力求知识性、趣味性的统一，符合学生的年龄特点、阅读习惯和行为习惯。更在培养阅读意识、阅读方法、能力提升上有独特的创新，并增加“悦读必考”栏目以促进学生有效完成学业，取得优良成绩。

本丛书图文并茂，栏目设置科学合理，解读通俗易懂，由浅入深，根据教学需要划分为初级版、中级版和高级版三个模块，层次清晰，既适合课堂集中学习，也充分照顾学生自学的需求，还适合家长辅导使用；既有知识系统梳理和讲解，也有适量的知识拓展；既留给学生充分的选择空间，也充分体现新课改对考试的要求，是一套有价值的学习读物。

没有最好，只有更好。本套丛书在编撰过程中，得到教育专家、名师的广泛关注指导，广大教师和同学们的积极支持参与，对此我们表示最真诚的感谢！我们将热忱欢迎广大教师和学生给我们提出宝贵意见，以便再版时丰富完善。

“悦读悦好”编委会

◎ 功能结构示意图 ◎

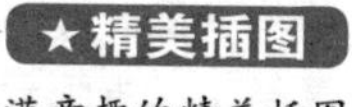

★精美插图

充满童趣的精美插图，与内容紧密结合，相得益彰，同时活跃了版面，增加了学生阅读的愿望和情趣。

★悦读链接

选读，精选与选文关联的知识、人物、事件等，帮助学生更好地理解选文，拓宽视野。

春季第一月 | 3月21日到4月20日

冬眠苏醒月

·太阳进入白羊宫·

一年：12个月的欢乐诗篇——3月

新年快乐

3月21日是春分。在这一天，白天和黑夜是一样长的；今天，森林里都在庆祝新年——春天要来了！

3月的太阳开始驱赶冬天。积雪变松软了，上面出现了蜂窝一样的小孔，颜色也变得灰不溜秋的，已经不是冬天的样子了！谁都知道，冬天已经投降了，它马上就要消失了！一根根小冰柱从屋檐上面垂下来，亮晶晶的水珠顺着它们往下滴，一滴，两滴，三滴……渐渐地，在地上形成了许多小水坑。街上的麻雀们一头扎进水坑里，兴高采烈地在里面扑腾，洗去羽毛上积攒了一年的尘垢。花园里，山雀也唱起了快乐的歌，那歌声如银铃般划过了3月的天空。

春天回来了，它展开欢乐的翅膀，开始了严肃的工作。首先要做的是解放大地：把地面上的雪一块一块地化开。积雪融化，露出了黑黑的土地。而这时，水还在冰层下面做着美梦，森林也在雪下面睡得正香。

按照俄罗斯的古老风俗，春分这天早上，人们都要做"烤云雀"吃——就是把面包的一头捏成鸟嘴巴的形状，再放上两颗葡萄干作眼睛。

春分
二十四节气之一，在3月20或21日，这一天，南北半球昼夜都一样长。

兴高采烈
形容兴致高，情绪热烈。

风俗
长期相沿积久而成的风尚、习俗。

悦读链接

爱鸟日

为了维护生物多样性，保护鸟类的生存和发展，《世界保护益鸟公约》规定每年的4月1日为"国际爱鸟日"，世界各国也纷纷响应。

保护鸟类的方法有很多，一方面我们可以给鸟类提供人工巢穴、投食，另一方面我们应该拒绝非必要鸟类生物制品的使用，因为"没有买卖，就没有杀害"！

悦读必考

1. 改正下列词语中的错别字。

兴高彩烈　冰雪熔化　体制强健　旁然大物

2. 猜谜语。

(1) 长在屋檐下，越长越向下。（打一物）谜底是（　　）。

(2) 一身白袍衣，两只红眼睛，是和平化身，人人都喜欢。（打一动物）谜底是（　　）。

3. 请为爱鸟活动写几条标语。

★旁　批

选读，通过对字、词、句、段的注解，以及对地理环境、人物事件、民族风情的注释，帮助学生有效地理解和运用。

★悦读必考

必做，精选学生必考的知识点，与教学考试接轨，同时通过练习提高学习成绩，强化学习能力。

“悦读悦好”系列阅读计划

在人的一生中，获得知识离不开阅读。可以说阅读在帮助孩子学习知识、掌握技能、培养能力、健康成长等方面都有着重要的不可或缺的作用。阅读不仅仅帮助孩子取得较好的考试成绩，而且对孩子各种基础能力的提高都有重大的意义。培养孩子的阅读兴趣和养成良好的阅读习惯、掌握有效的阅读技能是教育首先要解决的重大课题之一。为此，我们为学生制订了如下科学合理的阅读计划。

学段	阅读策略	阅读推荐	阅读建议
1～2年级	适合蒙学，主要特点是韵律诵读、识字、写字和复述文段等。 目标：初步了解文段的大致意思、记住主要的知识要点。	适合初级版。 《三字经》 《百家姓》 《声律启蒙》 《格林童话》 《成语故事》 ……	适合群学——诵读比赛、接龙、抢答。 阅读4～8本经典名著，以简单理解和兴趣阅读为主，建议精读1本（背诵），每周应不少于6小时。
3～4年级	适合意念阅读，在教师或家长引导下，培养由需求而产生的愿望、向往或冲动的阅读行为。 目标：培养阅读兴趣，养成良好的阅读习惯。	适合初级版和中级版。 《增广贤文》 《唐诗三百首》 《十万个为什么》 《少儿百科全书》 《中外名人故事》 ……	适合兴趣阅读和群学。 阅读8～16本经典名著，以理解、欣赏阅读为主，逐步关注学生自己喜欢或好的作品，每周应不少于6小时。
5～6年级	适合有目的的理解性阅读，主要特点依据教学和自身的需要选择合适的阅读材料。 目标：逐步培养阅读能力，培养学习意志和初步选择意识。	适合中级和高级版。 《柳林风声》 《尼尔斯骑鹅旅行记》 《海底两万里》 《鲁滨孙漂流记》 《钢铁是怎样炼成的》 ……	适合目标性阅读和选择性阅读。 选择与教学关联为主的阅读材料；选择经典名著并对经典名著有自己的理解和偏好。每周应不少于10小时。
7～9年级	适合欣赏、联想性和获取知识性阅读。 学生的人生观、世界观和价值观日渐形成，通过阅读积累知识、提高能力、理解反思，达成成长目标。	适合中级和高级版。 《论语》 《水浒传》 《史记故事》 《爱的教育》 《三十六计故事》 ……	适合鉴赏和分析性阅读。 适当加大精读数量，培养阅读品质（如意志、心态等），形成分析、反省、质疑和批判性的阅读能力。

目录

MU LU

◎春季第三月——歌唱舞蹈月

森林历

SENLINLI

NO.1 冬眠苏醒月 —— 3月21日到4月20日

NO.2 候鸟返乡月 —— 4月21日到5月20日

NO.3 歌唱舞蹈月 —— 5月21日到6月20日

NO.4 建造家园月 —— 6月21日到7月20日

NO.5 雏鸟出世月 —— 7月21日到8月20日

NO.6 成群结队月 —— 8月21日到9月20日

NO.7 候鸟离乡月 —— 9月21日到10月20日

NO.8 储备粮食月 —— 10月21日到11月20日

NO.9 迎接冬客月 —— 11月21日到12月20日

NO.10 银路初现月 —— 12月21日到1月20日

NO.11 忍饥挨饿月 —— 1月21日到2月20日

NO.12 忍受残冬月 —— 2月21日到3月20日

No.1

春季第一月 | 3月21日到4月20日

冬眠苏醒月

·太阳进入白羊宫·

一年：12个月的欢乐诗篇——3月

新年快乐

3月21日是春分。在这一天,白天和黑夜是一样长的;今天，森林里都在庆祝新年——春天要来了!

> **春分** 二十四节气之一，在3月20或21日，这一天，南北半球昼夜都一样长。

3月的太阳开始驱赶冬天。积雪变松软了，上面出现了蜂窝一样的小孔，颜色也变得灰不溜秋的，已经不是冬天的样子了！谁都知道，冬天已经投降了，它马上就要消失了！一根根小冰柱从屋檐上面垂下来，亮晶晶的水珠顺着它们往下淌，一滴，两滴，三滴……渐渐地，在地上形成了许多小水坑。街上的麻雀们一头扎进水坑里，兴高采烈地在里面扑腾，洗去羽毛上积攒了一年的尘垢。花园里，山雀也唱起了快乐的歌，那歌声如银铃般划过了3月的天空。

> **兴高采烈** 形容兴致高，情绪热烈。

春天回来了,它展开欢乐的翅膀,开始了严肃的工作。首先要做的是解放大地:把地面上的雪一块一块地化开。积雪融化，露出了黑黑的土地。而这时，水还在冰层下面做着美梦，森林也在雪下面睡得正香。

按照俄罗斯的古老风俗，春分这天早上，人们都要做“烤云雀”吃——就是把面包的一头捏成鸟嘴巴的形状，再放上两颗葡萄干作眼睛。

> **风俗** 长期相沿积久而成的风尚、习俗。

这一天，人们还会放生——打开鸟笼，将鸟儿放回到大自然里去，飞鸟节就这样开始了。孩子们会把整整

一天的时间都花费在那些生着翅膀的小家伙身上：在树上挂起各式各样的小鸟巢——有椋鸟房、山雀房、鸽子屋；为了使鸟儿们做起巢来更容易，他们还会把树枝交叉绑在一起；公园里、街道上，孩子们还为这些可爱的小客人准备了免费的食物；学校里也要举行报告会，专门讨论鸟儿们是怎样保护我们的森林和田地的，并告诉每个人，应该怎样爱护这些好朋友！

交叉
方向不同的几条线或条状物互相穿过。

3月里，天地间一片欢乐，就连小母鸡，在门口也可以把水喝个够！

森林通讯员发来的电报

序幕
某些多幕剧置于第一幕之前的一场戏。通常用以交代人物的历史、人物之间的关系、人物所处的时代背景以及事件发生的原因等。比喻重大事件的开端。

秃鼻乌鸦揭开了春天的序幕。

在冰雪消融的土地上，出现了成群结队的秃鼻乌鸦。它们刚刚从遥远的南方飞回来，回到了自己北方的故乡。

一路上，它们遭遇了一次又一次的暴风雪，很多秃鼻乌鸦都因敌不过寒冷和饥饿倒在了半路上。不过，它们还是飞回来了。

最先到达的是那些体质强健的小家伙。现在，它们终于可以好好儿休息一下了。它们在路面上踱着方步，不时用坚硬的嘴巴刨一下还冻着的地面。

犄角
牛、羊、鹿等头上长出的坚硬的东西，一般细长而弯曲，上端较尖。

黑压压的乌云飘走了，整个天空都亮了起来，雪白的积云漂浮在蔚蓝色的天空中。新一年的第一批小生灵诞生了。麋鹿和牡鹿长出了新犄角。金翅雀、灰山雀和

戴菊鸟也开始在森林里欢唱。在一棵巨大的云杉树根下，我们找到了熊洞。于是，我们轮流守候在洞旁，等待着这个庞然大物苏醒，以便及时报道新的消息。

一股股融化的雪水在冰下悄悄汇集。树上的雪也化成了水，从树枝上滑落下来。但到了夜里，寒气会重新把它们冻成冰。真正温暖的春天还要等一段时间才会到来。

悦读链接

爱鸟日

为了维护生物多样性，保护鸟类的生存和发展，《世界保护益鸟公约》规定每年的4月1日为“国际爱鸟日”，世界各国也纷纷响应。

保护鸟类的方法有很多，一方面我们可以给鸟类提供人工巢穴、投食，另一方面我们应该拒绝非必要鸟类生物制品的使用，因为“没有买卖，就没有杀害”！

特别需要指出的是，购买鸟类“放生”是非常不可取的错误行为，这会助长那些为了牟利而进行的捕鸟活动。遇到有人出售野生鸟类，我们应该积极举报，交给警察处理。各国对于保护野生鸟类都制定了相关法律，我们完全可以依靠法律的武器来保护它们。

悦读必考

1. 改正下列词语中的错别字。

兴高彩烈　冰雪熔化　体制强健　旁然大物

____

2. 猜谜语。

（1）长在屋檐下，越长越向下。（打一物）谜底是（　　）。

（2）一身白袍衣，两只红眼睛，是和平化身，人人都喜欢。（打一动物）谜底是（　　）。

3. 请为爱鸟活动写几条标语。

____

森林大事典

雪地里的兔宝宝

融化

指固体（如冰、雪等）受热变软或化为液体的过程。

虽然田野里的积雪还没有完全融化，可是兔妈妈已经早早地生下了它的宝宝。

小兔子们一生下来就睁开眼睛，好奇地观察着这个世界。它们穿着暖和的小皮袄，蹦蹦跳跳地来到妈妈的身边吃奶。吃饱了，它们就四散跑开，在灌木丛或树墩下面躲起来，乖乖地躺在那儿，不吵也不闹。兔妈妈呢？这时它早就跑得不知去向了。

一天，两天，三天过去了，兔妈妈还没有回来。难道它把兔宝宝们忘了吗？兔宝宝们仍然老老实实地躺在那儿。它们可不敢乱跑，如果被老鹰看见，或者被狐狸发现，那可不得了啊。

瞧，兔妈妈跑过来了。不对！这可不是兔宝宝们的妈妈——是一位不认识的兔阿姨。

兔宝宝们可不管，它们饿坏了，跑过去央求着：阿姨，

央求

恳切地请求；乞求。

阿姨，喂喂我们！喂喂我们吧！那只兔阿姨真的站住了：来，快吃吧，宝宝们。直到把这些小兔子都喂饱了，兔阿姨才蹦蹦跳跳地继续向前跑去。

兔宝宝们吃饱了，又回到灌木丛里躺着去了。这时候，它们的妈妈也正在别的地方喂着别家的小兔呢。

原来，兔妈妈们早就说好了：所有的兔宝宝都是大家共同的孩子。所以，不管兔妈妈在哪儿遇到一窝小兔子，都会给它们喂奶吃。它才不管这窝小兔子是自己生的，还是别的兔妈妈生的呢！

照顾

照料；由于某种原因而特别优待。

你是不是觉得这些兔宝宝没有爸爸妈妈的照顾，日子一定不好过呢？其实，你一点儿都不用担心。它们穿着小皮袄，暖暖和和的。兔阿姨们的奶又香又浓，吃上一顿，就能顶上好几天！再说了，到了第八九天，这些兔宝宝们就会长出牙齿，可以自己吃草啦！

第一批花儿

春天里的第一批花儿出现了。不过，你在地面上可找不到它们，因为地面还被雪盖着呢！你得顺着森林、沿着水流找。瞧，就在那儿，在沟渠的边上，在那光秃秃的榛子树枝上，这个春天的第一批花儿开放了。

柔荑花序

由无被单性花组成的密集的穗状或总状花序。

几条柔软的灰色小尾巴，从树枝上垂下来，它们叫作柔荑花序。你要是轻轻地摇一摇这些小尾巴，花粉就会像云一样飘飞起来。

还有更奇怪的：就在这几根榛子树枝上，还长着一些别的样子的花儿。它们有的两朵，有的三朵生在一起，看上去就像一个个小蓓蕾。可是，在这些“蓓蕾”的尖儿上，却伸出一对对鲜红的、像小舌头一样的东西。原来，那是雌花的柱头，它们正在接受从别的榛子树枝上随风飘来的花粉呢。

蓓蕾

花骨朵儿，含苞待放的花。

柱头

雌蕊的顶端部位，是花朵接受花粉的地方。

风自由自在地在光秃秃的枝丫间散步，没有什么东西能阻挡它去摇晃那些灰色的小尾巴，把花粉吹飞。

不过，花儿总是要凋谢的，过不了多久，那些柔软的小尾巴就会脱落，红色的小舌头也会干枯。到了那时，每一朵这样的小花儿都会变成一颗榛子！

动物们的小花招

在森林里，猛兽们经常会攻击那些和善的小动物。不管在哪儿，只要一看到它们，猛兽们就会猛扑过去，把它们抓住。

冬天里，白雪铺满了大地，到处都是白茫茫的。兔子、白鹌鹑，还有其他毛色雪白的动物可以借着大雪的掩护，躲过一些袭击。可现在，雪正在渐渐融化，许多地方都露出了黑黑的地面。狼呀，狐狸呀，鹞鹰呀，甚至像白鼬和伶鼬这些小食肉动物，很远都能看见化了雪的土地上那些白色皮毛的小动物了。

鹌鹑

鸟名，头小，尾巴短，羽毛赤褐色，不善飞。

花招

指欺骗人的狡猾手段、计策等。

于是，不管是白兔子还是白鹌鹑，都玩起了小花招：

它们开始脱毛，变成了别的颜色。小白兔换上灰色的外衣，变成了小灰兔！白鹤鹑掉了许多白色的羽毛，并在掉毛的地方，重新长出了许多红褐色带黑条纹的新羽毛。这样一来，就不会被猛兽们轻易发现了。

野兽们也不得不开始换装了。伶鼬在冬天里浑身雪白，白鼬也和它一样，只有尾巴尖是黑的，这样它们就能偷偷地接近猎物了。可是现在呢？它们都换毛了！全身都变成了灰色的，只有尾巴尖还和以前一样，是黑色的。但这并不影响换装的效果，因为无论冬天还是夏天，地面上总会有一片片黑的干树叶或小树枝什么的，特别是在田野上，这种小黑点简直到处都是。

可怕的雪崩

雪崩

大量雪体崩塌、向下滑动的自然现象。

不偏不倚

形容不偏不斜，正中目标。

森林里发生了可怕的雪崩！

在一棵高大的云杉树上，松鼠们还在暖和的巢里睡着大觉。突然，一大团雪球从树枝上面掉下来，不偏不倚，正好砸在松鼠的巢顶上。松鼠妈妈吓了一大跳，赶紧蹿了出来。可是，它那些刚出生的孩子们还留在巢里呢！

松鼠妈妈明白过来了，原来是雪崩。它马上伸出前爪，用力地扒掉巢顶的积雪。太幸运了，落下的雪被粗粗的树杈挡了一下，只压住了巢顶，铺着苔藓的圆形巢穴还是好好的。

松鼠宝宝们根本不知道发生了什么事，还在呼呼大睡呢！它们是那么小——眼睛还没有睁开，耳朵也听不到，浑身光溜溜的，一根毛儿也没有，就像一只只小老鼠。

苔藓

最低等的高等植物。植物无花，无种子，以孢子繁殖。

湿漉漉的房间

雪一点一点地融化着。森林里，那些生活在地下的动物，日子可不好过啦！鼹鼠、鼩鼱、野鼠、田鼠，还有狐狸等，蜷缩在湿漉漉的房间里，难受极了！现在都这么不好过了，等到所有的雪都融化了，它们可怎么办啊！

奇怪的茸毛

沼泽

水草茂密的泥泞地带。

沼泽地上的雪也融化了，到处都是水。在草墩下面，有许多银白色的小穗儿闪着光泽，在光溜溜的绿茎上随风摇曳着。这是什么？难道是去年秋天没来得及飞走的种子吗？难道它们在雪底下度过了整整一个冬天吗？不对，它们太干净、太新鲜了，完全不像是去年留下来的。

> **摇曳** 形容东西在风中轻轻摆动的样子。

把这些小穗儿采下来，拨开上面的茸毛，谜底就自然出现了！原来它们都是花儿啊！你瞧，在丝一般的白色茸毛下，露出来的是黄澄澄的雄蕊和细丝一样的柱头！那些茸毛是用来给花儿保温的，因为夜里还是有些冷的。

> **茸毛** 柔软纤细的毛。

在四季常青的森林里

不只是在热带或地中海沿岸才生长着四季常青的植物。在我们北方，也有许多夹杂着常青小灌木的森林。现在，在新年的第一个月里，到森林里去走走，既看不见那些褐色的烂叶子，也没有令人讨厌的枯草，你的心情一定会特别愉快。

> **夹杂** 掺杂，混杂。

在这里，一切都显得生机勃勃：柔软的青苔泛着绿光；蔓越橘的叶子也闪闪发亮；优雅的石南，伸展着细长的枝条，上面长满了小小的叶子，就像是一片片绿色的鳞片，而树枝上还保留着去年的淡紫色小花呢！

> **生机勃勃** 形容生命力旺盛的样子。生机，生命力、活力。勃勃，旺盛的样子。

此时此刻，在这些绿色中间待一会儿，是多么快乐的一件事啊！

鹞鹰和白嘴鸦

狼狈
形容困苦或受窘的样子。

趁机
利用时机和抓住机会。

“呱——呱——”随着一阵叫声，不知什么东西从我头顶掠过。我抬头一看，几只白嘴鸦正在追赶一只鹞鹰。鹞鹰挥动翅膀，左躲右闪，可白嘴鸦还是追上了它，伸出嘴巴去啄它的头！鹞鹰痛得大叫，到处乱飞，终于，它逃出了包围圈，狼狈地逃走了。

我站在一座高高的山岗上，向远处望去。我看见那只鹞鹰正落在一棵大树上休息。这时，不知又从哪儿飞来一大群白嘴鸦，尖叫着向它扑去！

这下子，鹞鹰可被逼急了，它狂叫着向一只白嘴鸦冲过去！那只白嘴鸦害怕了，赶紧闪到一边。鹞鹰趁机蹿上高空，远远地飞走了！那些白嘴鸦见猎物飞远了，也就四散开，飞到田里去了！

森林通讯员发来的电报

椋鸟和云雀唱着歌飞来了！

冬眠的熊还没有从洞里钻出来，我们等得有些不耐烦了！它不会已经被冻死了吧？忽然，雪微微地颤动起来。可是，从雪下面钻出来的并不是熊，而是一只我们从来没见过的怪兽。

颤动

指短暂而频繁地振动。

它只比小猪崽大一些，浑身是毛，肚皮上的毛黑黑的，灰白色的脑袋上有两条黑色的条纹！

啊，原来是獾！我们守了这么久，没想到守的却是一个獾洞！现在，它睡醒了！从今天起，它每天夜里都会到森林里去寻找蜗牛、甲虫和野鼠，来填饱肚子！

我们在森林里四处寻找，终于找到了一个真正的熊洞！

熊还在呼呼大睡呢。

水渐渐漫到冰面上来了。积雪一点点塌下去，琴鸡开始寻找配偶，啄木鸟“笃笃”地敲着树干。白鹡鸰也飞回来了！

配偶
夫妻双方中的一方。

道路变得泥泞不堪，集体农庄的庄员们收起雪橇，改驾马车出行了！

悦读链接

北极熊冬眠吗

我们都知道棕熊和黑熊会冬眠，但是北极熊是不会主动冬眠的。哺乳动物冬眠，很大程度上不是因为自身对环境温度的适应性，而是因为冬季食物的匮乏，所以在一些赤道地区有些动物会在炎热的夏天“夏眠”。北极熊作为肉食性动物，它的捕猎对象是海豹，所以完全没有冬眠的必要。

只有母北极熊在产仔的时候，会挖一个大雪坑藏起来哺乳幼仔，而且季节正好是冬季，勉强可以称为“冬眠”。但是，这个时候的母北极熊并不会闭上眼睛呼呼大睡，而是会睁一只眼闭一只眼，随时防备外界的不利情况。

悦读必考

1. 仿照下列词语，写出至少三个结构类似的词语。

光秃秃　白茫茫　光溜溜　湿漉漉

2. 指出下面词语中不同类的一项，用线划去。

狼　狐狸　鹞鹰　白鼬　伶鼬

3. 按照日历，哪天代表春天的到来？

城市新闻

屋顶音乐会

每天夜里，屋顶上的猫都会开起音乐会。它们很喜欢这种音乐会。不过，每一次音乐会都是以歌手们的大打出手而宣告闭幕的。

大打出手：比喻逞凶打人或殴斗。

麻雀风波

在椋鸟房旁边，叫嚷声、吵闹声乱成一团，鸟毛、杂草飞得哪儿都是。原来是椋鸟房的主人——椋鸟回来了。它们揪住占据了自己家的麻雀，将它们撵了出去。这还不算，就连那些不小心掉在窝里的麻雀毛也被它们扔了出去——自己的家里可不能留着别人的一点儿痕迹！

痕迹
物体留下的印儿；残存的迹象。

一个泥水工人正站在脚手架上抹屋顶下的裂缝。麻雀用一只眼睛瞅了瞅屋檐，便大叫着朝泥水工人扑去，在他的脸上乱抓起来。泥水工人扬起抹泥的小铲子，使劲儿驱赶着这些麻雀。他怎么也想不到，他刚刚封好的裂缝里有一个麻雀巢，而麻雀已经在里面产下蛋了！

驱赶
驱逐并赶走，使其离开某地或某人。

如今，在椋鸟房旁、屋檐下面，依旧乱成一团，鸟毛、杂草还在随风飞舞。

石蚕过马路

从河面上的一条冰缝里，爬出来一些笨头笨脑的灰

色小虫子。它们爬上岸，脱去身上的旧皮套，变成了长着翅膀的飞虫！身子又细又长，看起来很匀称！它们是什么？蝴蝶还是苍蝇？都不是，它们的名字叫作石蚕。

匀称

均匀；比例和谐、协调。

石蚕

石蚕蛾的幼虫，栖息在清净无污染的池塘或溪流。

你看，它们的翅膀长长的，身体也轻飘飘的。可是，现在它们还不会飞，因为它们刚从旧壳里爬出来，身子还很软，先得晒晒太阳。

它们朝马路爬去。过路的人踩到了它们，马蹄踏到了它们，汽车轮子压住了它们！麻雀也飞过来，追着啄它们！可它们还是不停地向前爬着、爬着！终于，它们爬过了马路，爬到了屋顶上，在那里晒起了太阳！

昆虫的舞蹈

在晴朗温暖的日子里，小蚊虫们开始跳起了空中舞蹈。它们密密匝匝地聚成一群，在空中飞舞着。抬头看过去，就好像天空中多了一块黑色的云彩，也好像长在人脸上的雀斑。

密密匝匝

形容非常稠密的样子。

雀斑

人脸上的黄褐色或黑褐色斑点。

蝴蝶们也出来透气了。最先出现的，是那些在阁楼上度过了一个冬天的荨麻蛱蝶和柠檬蝶。

在公园里

公园里，长着淡紫色胸脯、浅蓝色脑袋的雌燕雀聚集在一起，发出响亮的啼叫，它们在等待着雄燕雀的到来。在我们这儿，雄燕雀总是比雌燕雀晚飞回来。

早春的花儿

大街上，有人拿着花儿在叫卖。卖花儿的人把这种花儿叫作“雪下紫罗兰”。实际上，它们的颜色和香味都不像紫罗兰，它们真正的名字叫作“蓝花积雪草”。

春水里的游客

在列斯诺耶公园的峡谷里有一条小溪，溪水淙淙地流着。我们的几位森林通讯员用石头和泥土在溪上筑了一道拦水坝，守候在那里，看有哪些客人会漂到他们的水塘里。

淙淙

流水发出的轻柔的声音。也可以形容水很干净。

等了多时，一只老鼠从溪底滚了过来。这不是那种普通的长尾巴灰家鼠。它的尾巴短短的，一身棕黄色的皮毛，原来是田鼠。可惜，它已经死去了！我们的通讯员猜想，它一定是在雪地上躺了一个冬天。现在，雪融化了，溪水就把它冲到这里来了。

第二个游客是一只黑色的甲虫。起先，我们的通讯员都以为是一只水栖的甲虫，可等它漂近了，大家才发现原来是最不喜欢水的屎壳郎。这么说，它也醒过来了！不用问，它当然不是故意跑到水里去的。

水栖

栖息在水中。

随后过来的那个家伙长着两条长长的后腿，一蹬一蹬的，就这么游了过来！你猜它是什么？对了，是只青蛙！它爬上岸，三蹦两跳钻到灌木丛里去了！

最后游过来的是一只小兽。黑黑的，很像家鼠，只是尾巴要短得多，原来是只水老鼠！看来，它已经把冬天的存粮吃完了，现在出来找吃的了！

款　冬

山坡上，已经出现了款冬的一丛丛细茎。每一丛细茎，都是一个家庭。那些苗条的、高扬着头的，是哥哥姐姐；那些肥肥硕硕的是弟弟妹妹，紧紧地挨在哥哥姐姐的旁边。

款冬

别名冬花、蜂斗菜或款冬蒲公英，属于菊科款冬属植物。

苗条

形容身材瘦长得好看或瘦长得匀称。

每个这样的小家庭，都是从一段地下根茎长出来的。从去年秋天起，这些地下根茎里就储满了养料。现在，养料在一点一点地被消耗。不久之后，每个家庭成员的头上都会长出一朵黄色的呈辐射状的花儿。等到花儿开始凋谢的时候，就会从根茎里生出新的叶子。而这些新叶子的任务，就是帮助根茎储存起新的养料，等待着明年的花开。

泛滥的春水

冬天的世界被推翻了，春水冲破了冰的禁锢，涌到了大地上！积雪被太阳燃烧着，雪底下露出了喜气洋洋的小草。

在春水泛滥的地方，出现了第一批野鸭和大雁。

我们还看见了一只蜥蜴。它从树皮底下钻出来，爬到树墩上去晒太阳。

每天都会发生很多事情，多得让我们来不及记录下来。城乡的交通被春水隔断了。动物在水灾里遇到的情况，我们将用飞鸟传信陆续为你报道。

禁锢

封闭；束缚限制。

泛滥

（江河或湖泊的）水慢慢溢出。比喻坏的事物不受限制地流行。也比喻事物蔓延兴起。

森林通讯员发来的电报

我们还在熊洞旁轮流守候着。忽然，一个又大又黑的野兽的脑袋从雪底下钻了出来。那是一只母熊。紧跟在它后面，两只小熊也钻了出来。我们看见那只母熊

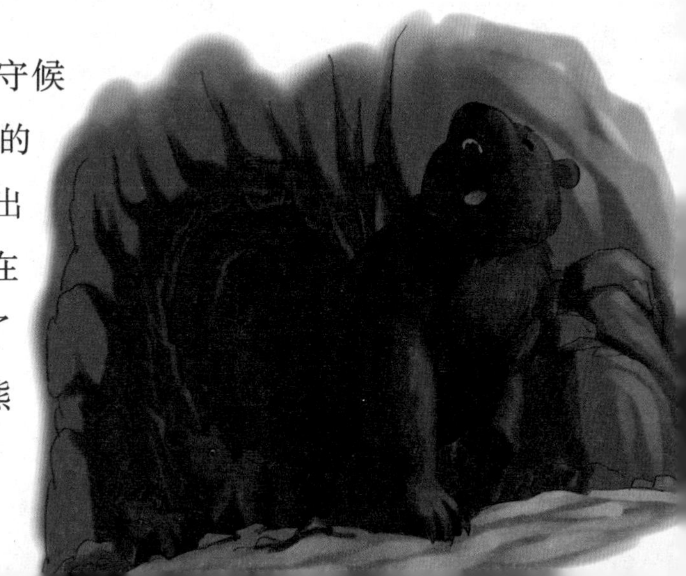

张开大嘴，舒舒服服地打了个哈欠，然后朝森林走去。两只小熊欢蹦乱跳地跟在它后面。睡了整整一个冬天，它们饿得发慌，什么细树根呀、枯草呀，浆果呀，统统都会吃下肚去。

欢蹦乱跳
形容健康活泼、快乐无忧的样子。

悦读链接

款　冬

款冬，多年生草本植物，高10～25厘米。基生叶广心脏形或卵形，长7～15厘米，宽8～10厘米。花茎长5～10厘米，具毛茸。性味辛温，具有润肺下气、化痰止咳的作用。

许许多多带粉红的紫色小花从款冬的茎的末端开出，不过由于叶子非常巨大，常被用来当雨伞或遮阳的工具。因此款冬的花语是——公正。

凡是受到这种花祝福而生的人，爱好公正与正义，最适合当纷争与运动竞技等的裁判员。

悦读必考

1. 写出至少三个，不是鸟旁，但表示鸟类的字。

____

2. 写出下列词语的反义词。

闭幕——__________　　真正——__________

3. 写一段文字，描述家乡初春的景象。

____

____

农庄新闻

留住春水

融化的雪水没有经过任何人的同意，竟然想从田野里逃到凹地里去。集体农庄的庄员们用结结实实的积雪在斜坡上筑了一道墙，把逃亡的春水阻截下来。

阻截
阻挡、拦截，使不能进行。

水留在田地里，慢慢往土里渗去。田里的绿色居民们已经感觉到水流进了它们的根系。

新生的宝贝

昨天夜里，“突击队员”农场猪舍的饲养员们接生了100个猪娃娃。这些猪娃娃，个个肥头大耳，壮壮实实，出了妈妈的肚子就哼哼地叫着。九位年轻幸福的猪妈妈，正焦急地等待着饲养员把它们的翘着鼻头和尾巴的宝贝送过来吃奶呢。

肥头大耳
一个肥胖的脑袋，两只大耳朵。过去形容人福相，现在形容体态肥胖，有时指小孩可爱。

绿色新闻

马铃薯从寒冷的仓库搬到了暖和的新房子里。它们对自己的新家很满意，已经在准备发芽了。

菜铺里开始出售新鲜的黄瓜。这些黄瓜的授粉工作，不是由蜜蜂来完成的；它们生长的土地，也不是由太阳来晒热的。

授粉

花粉从花药到柱头的移动过程。

不过，它们还是黄瓜——肥肥大大、厚厚实实，上面长满了小刺。它们的香味儿，也是真正的黄瓜的香味儿，虽然它们是在温室里长大的。

温室

又称暖房，能透光、保温（或加温），用来栽培植物的设施。

积雪融化了，一片片细弱的“青草”裸露出来。大地还没有完全解冻，这些“青草”吸收不到养料，不知道会不会挨饿呢？

当然不会，因为集体农庄的庄员们已经为它们准备好了许多富有营养的食物——草木灰、粪肥和营养盐类等。人们为什么如此精心地保护这些细小的“草”呢？因为它们并不是什么野草，而是小麦！对人们来说，它们现在可是最重要的庄稼了。

悦读链接

冬小麦

冬小麦是小麦中的一种，有别于春小麦。一般在9～10月播种；10月出苗；11月到次年2月越冬，基本停止生长；次年3月返青，快速生长；4～5月抽穗，灌浆；6月成熟，可以收割了。

为了防寒保苗，冬小麦往往进行盖土处理：冬灌后，在挠麦松土的基础上，用竹耙顺垄把土搂盖在麦苗上，盖土2厘米左右即可。

冬小麦的面粉质量要优于春小麦。

悦读必考

1. 根据上下文写成语。

　　小明出生在城市里，从来没有到过农村，第一次来到农村时，他把路边的麦苗当成了韭菜，同学们都笑他__________。

2. 把下面的设问句改为陈述句。

　　人们为什么如此精心地保护这些细小的“草”呢？因为它们并不是什么野草，而是小麦！

____

____

3. 俗话说“没吃过猪肉，还没见过猪跑”。给大家描述一下猪有哪些外形特点。

____

____

____

狩　猎

猎　鸟

在春天，允许打猎的时间很短，并且只准打树林里和水面上的飞禽，还必须是雄的！

这是一个灰蒙蒙的黄昏，下着毛毛雨，没有风，正是鸟儿搬家的好天气。

猎人白天就从城里赶到了这儿。现在，他正靠着一棵小云杉站着。离太阳落山还有一刻钟，森林里到处都是鸟儿的歌声——鸫鸟在枞树顶上鸣叫、鸥鸲在丛林里啼啭。

> **啼啭**
> 婉转地、十分动听地鸣叫。

天渐渐暗下来，太阳已经落下去了，鸟儿们也陆续停止了歌唱。周围变得一片寂静。

突然，从森林的上空，发出一种轻轻的声音："嗤尔克！嗤尔克！"猎人站在那儿，把猎枪搭在肩上，一动不动。

"嗤尔克！嗤尔克！"随着叫声，两只勾嘴鹬从森林上空飞过。它们急匆匆地扑打着翅膀，一只跟着一只，向前飞去。看来，前面一只是雌的，后面一只是雄的。突然，"砰"的一声，后面那只勾嘴鹬，像风车一样在空中旋转起来，它旋转着，慢慢地掉进了灌木丛里。

> **旋转**
> 物体围绕一个点或一个轴做圆周运动。

猎人飞快地向它跑去：如果它只是受伤，灌木丛会

掩护它躲起来。到时，你就找不到了！因为勾嘴鹬羽毛的颜色和灰暗的落叶一模一样！还好，它还挂在那儿！

那边，不知什么地方，又响起“嗤尔克，嗤尔克”的叫声。太远了，霰弹打不到！于是，猎人又站到另一棵小云杉下，仔细听着。叫声还没有停，但好像更远了！把它引过来吧？也许可以把它引过来！

猎人摘下帽子，抛向空中。雄勾嘴鹬的眼睛很尖：它正在薄暮里寻找雌勾嘴鹬。这时，它看见一个黑乎乎的东西从地面上升起来，又落了下去。

薄暮

指傍晚，太阳快落山的时候。也比喻人之将老，暮年。薄，迫近。

是雌勾嘴鹬吗？雄勾嘴鹬拐了个弯儿，向着猎人的方向飞来。

“砰！”又是一声枪响，雄勾嘴鹬一头栽了下来！

天渐渐黑了。林子里，“嗤尔克，嗤尔克”的叫声此起彼伏、时断时续，有时在这边，有时在那边。

此起彼伏

这边起来，那边伏倒，这边伏倒，那边起来。形容一起一伏，接连不断，高潮迭起，从未止息。用来表示频繁地出现或产生。形容事物发展变化不断。

猎人兴奋得双手发抖。

“砰！”没打中！

“砰！砰！”还是没打中！

要不别开枪了，休息一会儿，放过一两只勾嘴鹬吧！顺便定定神儿。

黑黝黝的森林深处，一只猫头鹰用喑哑的嗓音阴阳怪气地大叫了一声！一只睡意蒙眬的鸫鸟被吓得打了个寒噤，惊慌失措地尖叫起来！

喑哑

嗓子因干涩而发不出声音，或发音低且不清楚。

寒噤

身体因受冷、受惊或疾病而微微颤动。

好了，手不抖了。可以开枪了！天已经黑了，再过一会儿，就不能打枪了。

仔细听听，“嗤尔克，嗤尔克”的叫声还在响着！时而在这头儿，时而在那头儿！慢着，两只雄勾嘴鹬飞过来了，就在猎人的头顶打起架来！

“砰！砰！”这回放的是双筒枪——两只勾嘴鹬翻着跟头掉下来，掉在了猎人的脚边！

好了，现在该走了！趁着还能看清小路，到鸟儿交配的地方看看去！

松鸡交配的地方

夜里，猎人摸黑儿坐在森林里吃东西——这时可不能生火，生火会惊动那些鸟儿的。

摸黑儿

在黑夜中摸索着（行动）。

用不了多久，天就要亮了。在天亮以前，松鸡就会开始交配。

在寂静的黑夜里，一只猫头鹰闷声闷气地叫了几声！

寂静

没有声音，很静。

该死的家伙！这样叫，会把交配的松鸡吓跑的！

东方微微发白了。不知在什么地方，一只松鸡唱了起来：“台克，台克。”那声音起初低低的，勉强能听见。

勉强

将就、凑合。

猎人跳起来仔细听着。又一只松鸡唱了起来，就在附近。紧接着，第三只，第四只……

猎人小心地挪动着脚步，向着叫声传来的方向走去。他端着枪，指头扣着扳机，眼睛紧盯着前面那黑黝黝的云杉林。

那“台克，台克”的声音已经停止了，一个尖声尖气的声音啼啭起来。

猎人朝前跑了几步，然后就站住不动了。这时，那啼啭声也停止了，周围静悄悄的。

松鸡已经觉察到了——正在仔细听呢！这些家伙机灵得很，只要树枝轻轻一响，它们就会拍打着翅膀，逃得无影无踪。

无影无踪

没有一点踪影。形容完全消失，不知去向。踪，踪迹。

可是，什么声音也没有，于是，“台克，台克”的声音又响起来了。

猎人又抬起脚，可他的一只脚还没落地，叫声又停止了。

就这样，重复了好几次。现在，猎人距离松鸡已经很近了——它们就在前面那几棵大云杉上，正在纵情地唱着！现在，你就是大声叫嚷，它也听不见了！它们已经被自己的歌声冲得昏头昏脑了！不过，它们到底躲在哪儿呢？眼前全都是黑黝黝的树丛，看不清楚呀！

昏头昏脑

形容头脑发昏，晕头转向。

啊哈！原来在这儿！在一根毛蓬蓬的云杉枝上！距离猎人最多不过30步远！已经可以很清楚地看见它们那长长的黑脖子和生有山羊胡子的头了！

猎人端起枪，瞄准其中一个黑影——得打它的要害！翅膀不行，霰弹打在上面，会滑掉，得打它的脖子才行！

要害

身体上致命的部分。也用来比喻重要地点或部门。

“砰！”枪响了，烟幕升起，遮住了眼睛，什么也看不见，只听到一声沉重的落地声。

猎人走过去。好大一只松鸡！浑身乌黑，最少有5千克重！

悦读链接

春　猎

我国最早的词典《尔雅》是这样命名一年四季的狩猎活动的：“春猎

为搜，夏猎为苗，秋猎为狝，冬猎为狩。”顾名思义，春天是动物繁衍的季节，春天打猎的目的应该是对动物的数量进行搜集和统计，可以猎取雄性的成年动物，不能猎取雌性和幼年期的动物。这一方面是为了保护动物的繁殖，避免涸泽而渔；另一方面动物经过冬天的洗礼，消耗非常大，身体干瘦，毛也刚刚褪换，经济价值比较低。而且，春猎的时间比较短，这是为了防止因为狩猎而耽误农时或者破坏农田。

悦读必考

1. 解释下面一句话中画线的词语。

黑黝黝的森林深处，一只猫头鹰用喑哑的嗓音<u>阴阳怪气</u>地大叫了一声！一只睡意<u>蒙眬</u>的鸫鸟被吓得打了个寒噤，<u>惊慌失措</u>地尖叫起来！

阴阳怪气：________________________

蒙眬：________________________

惊慌失措：________________________

2. 猜谜语。

飞着静悄悄，坐着静悄悄，等到死去烂掉了，这才高声叫。（打一动物）

谜底是（　　　　）。

3. 你听过哪些有关狩猎的故事，给大家说一说。

____

____

无线电通报：呼叫东西南北

注意，注意！我们是《森林报》编辑部。今天，3月21日——春分，我们和全国各地约定，举行一次无线电广播通报。东方！南方！西方！北方！请注意！苔原！森林！山丘！海洋！沙漠！都请注意！请你们说说你们那里目前的情况。

通报

现有公文文种之一，主要用于上级机关对下级机关的表彰、批评、情况说明三类情况。

这里是北极

今天，是我们这儿的大日子——经过一个长长的冬天，太阳出来了！

第一天，太阳只露了一个头，过了几分钟，就不见了。

过了两天，它探出了半个脸！又过了两天，它才整个钻出来！

现在，我们总算可以过我们短短的白天了，虽然从早到晚加起来只有一个小时！可这有什么关系呢？

反正光明会越来越多！明天，白昼会比今天长一些；后天，又会比明天长一些。

> **白昼**
> 从黎明至天黑的一段时间。

不过，水面上还盖着厚厚的冰，在深深的雪地里，熊藏在它的冰穴里，睡得正香。

无论在什么地方，没有一丝绿芽，也没有一只飞鸟，只有严寒和冰雪。

> **严寒**
> 指气候非常寒冷。

这里是中亚细亚

我们这里已经栽完了马铃薯，正开始种棉花。太阳暖洋洋的，街上扬起一阵阵灰尘。桃树、梨树和苹果树都在开花，扁桃、白头翁和风信子的花儿却已经凋谢了。

> **凋谢**
> 指（草木花叶）脱落、衰落、零落；也指老年人去世。

曾经在我们这里越冬的乌鸦和云雀，都飞往北方去了。而来我们这里歇夏的家燕、雨燕，也已经飞来了。树洞里，红色的野鸭已经孵出了小鸭。

这里是远东

我们这里的狗在冬眠后已经醒过来了。不！你没有听错——说的就是狗，不是熊，也不是土拨鼠，更不是獾！

> **冬眠**
> 某些动物在冬季时生命活动处于极度降低的状态，是这些动物对冬季外界不良环境条件的一种适应。

你是不是以为任何地方的狗都不会冬眠呢？可是，我们这儿就有这么一种狗，个子小小的，比狐狸还要小一些，腿短短的，棕色的毛又密又长，把耳朵都遮住了。一到冬天，它们就像獾一样钻到洞里去睡觉。它的名字叫浣熊狗，因为它长得很像美洲浣熊。

在南方沿海，人们开始捕捉比目鱼。在乌苏里边区的原始森林，刚出世的小老虎已经睁开眼睛了。

我们每天都会等候来这儿“旅行”的鱼，它们将要从遥远的海洋游到我们这里来产卵。

比目鱼

栖息在浅海沙质海底的一种鱼，因为两只眼睛在同一侧而得名。

这里是乌克兰

我们正在种小麦。

白鹳已经从遥远的非洲回到我们这里来了，就住在我们的屋顶上。每个人都很喜欢这些远道回家的鸟儿。所以，我们搬来了许多大车轮，搁在房顶上，供它们做巢。

现在，白鹳们衔来了许多粗粗细细的树枝，放在车轮上。它们开始做巢了。

蜂房里的家蜂惊慌起来，因为金黄色的蜂虎已经飞来了。它们的样子很文雅，羽毛也很漂亮，但却是蜜蜂的天敌。

蜂虎

小型攀禽，因喜欢吃蜂类而得名。

这里是雅马尔半岛

我们这里还是地地道道的冬天，一丁点儿春天的气息也感受不到。

一群群驯鹿正用蹄子扒开积雪、敲破冰块，寻找青苔吃。可是，乌鸦早晚会飞来的！我们也把那一天当作

雅马尔半岛

俄罗斯中西部低地，位于西伯利亚西北部，西临喀拉海和拜达拉塔湾，东部和东南部濒鄂毕湾，北部傍马雷金海峡。雅马尔在涅涅茨语中，意为“天涯海角”。

春天的开始，就像你们那里一样。不过，那得等到 4 月 7 日。

这里是外贝加尔草原

春寒料峭

形容春天异常寒冷的天气。料，估量、揣测的意思。峭，急、尖利的意思；料峭合在一起就是指尖利，多用来形容风，刺骨的寒风。

一群群粗脖子的羚羊，离开我们这里，动身前往蒙古去了。

头几个融雪天，对它们来说可是灾难！白天，雪融化成水；到了晚上，却又结成了冰。整个草原变成了一个光溜溜的滑冰场！羚羊站在上面，一滑一滑地向前蹭，四条腿跑向了四个方向！

现在，在这春寒料峭的季节，不知道有多少羚羊，会在狼和其他猛兽的追捕下丢了性命！

这里是西伯利亚的原始森林

我们这里和你们那里差不多，到处都是原始森林，大片大片的针叶林和混交林，遍布我们整个国土。

至于白嘴乌鸦，要到夏天才会来到我们这里。我们这儿的春天是从寒鸦飞来的那天算起的。不过，我们这里的春天很短，一眨眼就过去了。

这里是高加索山脉

在我们这里，春天是从低处开始的，然后才到高的地方。现在，山顶上还飘着雪花，山下的谷地里已经下起了雨。河水挣脱开冰层的束缚，漫上了河岸，奔腾着流向大海，顺便带走了路上所有能带走的东西。

山下的谷地里，花儿已经开了，树叶也舒展了，翠绿的颜色粘在阳光充足的南山坡上，一天一天往山顶爬去。

鸟儿、小兽，都跟着这绿色向山顶移动。狼呀、狐狸呀，甚至连人都害怕的雪豹，也追着牡鹿、兔子、野绵羊，向山顶跑去了。所有的东西都紧跟着春天上山了！

束缚
捆绑，指约束、限制。

奔腾
跳跃着奔跑。用于马，还可以比喻水以及幻想、情思、精神等抽象的事物。

舒展
事物展开身体或动作。

这里是中亚细亚沙漠

我们这里也在下雨，天气还不太热。到处都有小草从地下钻出来，连沙地上也有。真不知道，这么多的草是从哪儿来的。

酣睡

指睡得很香很熟。

灌木已经长出了嫩叶，酣睡了一个冬天的动物，都从藏身的地方钻出来了。蜥蜴、蛇、土拨鼠……都从深深的洞穴里探出头来。

巨大的黑色兀鹰，成群结队地从山上飞下来，将它们那又长又弯的嘴巴伸进龟壳，啄乌龟肉吃。

空中，春天的第一批客人已经飞回来了。有小小的沙漠莺、爱跳舞的鵖、各式各样的云雀……空中充满了它们的叫声。

在温暖明亮的春天，即使沙漠，也告别了死寂——到处都是生命的迹象！

这里是北冰洋

脸颊

指眼睛下部，鼻子周围到左右耳的表面部分。具体是指人类和哺乳动物面部皮肤直到下巴的部分，并且在眼睛和颧骨的下部内形成了口腔侧壁。

整片整片的冰原向我们漂过来，上面躺着一些长着浅灰色皮毛的海兽——这是格陵兰海豹。它们将在这里——在这寒冷的冰面上，生下它们的孩子。

那些长着黑鼻头、黑眼睛，毛茸茸的小家伙要过很久才能下水，因为它们还没有学会游泳呢！

黑脸颊、黑腰身的老雄海豹，也爬到冰面上来了。它们那又短又硬的毛正大片大片地往下脱落。它们也要在冰面上待很长一段时间，直到把身上的毛全部换完为止。

现在，我们的侦察员正坐着飞机，在海洋上空巡视——他们需要确定，哪些地方有带领着小海豹的雌海豹，哪些地方又歇息着换毛的雄海豹。侦察完以后，他们就要飞回去向船长报告。过不了多久，一艘满载着猎人的特备轮船就会驶到这里来猎海豹。

巡视
到各处视察，一般用于领导到各地巡行察看。另一层意思是往四下里看。

这里是黑海

我们这里没有海豹。但是，也有人偶尔会看到，从水里露出一段长长的乌黑色脊背。那是地中海的海豹，经过博斯普鲁斯海峡，偶然游到我们这里来的。不久，

它们就会离开。

不过，我们这里却有许多别的海兽，比如活泼的海豚。现在，在巴统城附近，正是猎取海豚最紧张的时候。

巴统城

为格鲁吉亚西南部的阿扎尔自治共和国首府，位于黑海之滨，为当地著名的旅游胜地。

猎人们乘坐着小艇，驶向海面，仔细地观察海面上飞动的海鸥。它们在哪里集合，哪里就会有成群的海豚。

海豚是一种很贪玩的海兽，喜欢在水面上翻腾，就像骏马在草地上打滚一样。一只跟着一只，跃上半空，翻一个跟头，再落下去。这时候，你可千万不能开枪，不然它们会逃走的！

要想捉到这些灵巧的小家伙，必须等到它们大吃大嚼的时候。这时，你可以把小艇驶到距离它们只有10~15米的地方，然后要立即开枪，打中后赶快将它们拖到船上，否则它们会沉到水里去的。

这里是里海

巢穴

虫鸟兽类栖身之处。比喻盗匪等盘踞的地方。

在里海的北部有很多冰层，所以有许多海豹将巢穴建在我们这儿。

现在，我们这儿的小海豹已经长大了，换过了毛，从雪白色变成了深灰色，然后再变成棕灰色。海豹妈妈从圆圆的冰窟窿里钻出来的次数也越来越少了——它们正在给孩子们喂最后几次奶。

海豹妈妈也开始换毛了。不过，它们得游到别的冰块上——和那些雄海豹一起换新装。可是，那些冰层已经开始融化、破裂，它们只好爬到岸上，躺在沙洲或浅滩上，把还没来得及换掉的毛换好。

沙洲
河流、湖泊、水库中堆积而成的高水位时淹没，常水位时露出的泥沙质小岛。

除了海豹，我们这里的旅行家们——海鲱鱼、鲟鱼等也从各处游来了。它们成群结队地游到伏尔加河、乌拉尔河的河口附近，待在那里，等待着河流解冻。

到那时候，它们就要开始奔忙了——一群跟着一群，一群挨着一群，你追我赶地朝上游冲去，赶到它们当年孵出来的地方产卵。那些地方都位于遥远的北方——那些前面提到的河流以及它们大大小小的支流里。

你追我赶
相互轮流走过身边或向前面越过。比喻在前进的道路上竞赛，有褒义。

现在，沿着整个伏尔加河、卡马河、奥卡河和乌拉尔河，到处都是渔民们布下的罗网，等待着捕捞这些一心一意想要赶回故乡的鱼类大军。

罗网
捕捉鸟兽的器具。也比喻法网。

这里是波罗的海

我们这儿的渔民也准备好了，他们的目标是那些小鳁鱼、小鲱鱼和鳘鱼。海港已经相继解冻，轮船从海湾开出去，做长途旅行。世界各国的船只，也开始向这里驶来。冬天马上就要过去了，在波罗的海，愉快的日子已经不远了！

悦读链接

北冰洋

北冰洋是世界上最冷的大洋，洋面上常年覆有冰层，也是最小的大洋，大小只有太平洋的十分之一，是四大洋中唯一一个不跨越赤道的大洋，它的范围甚至只局限在地球的最北端、北纬60度以北。

北冰洋位于亚欧大陆和北美大陆之间，通过白令海峡与太平洋相通，通过格陵兰海和许多海峡与大西洋相连。但是，仅有加拿大沿岸的“西北航道”和西伯利亚沿岸的“东北航道”可供通航。而且，由于天气关系，“东北航道”只有夏季的几个星期可开放航行。

在飞机和潜艇发明之前，北冰洋荒凉无比，只有北极熊、海豹和居住在这里的因纽特人做伴。但是，随着飞机的发明，这里成为重要的航空线路。为了争夺北冰洋的领海权和经济利益，北冰洋沿岸国家的潜艇经常在北冰洋的冰层下活动。如今的北冰洋，已经是世界上重要的交通要道。

悦读必考

1. 把文中表示不同意思的名词分门别类放在下面。

地名：____________________

动物：____________________

植物：____________________

身体部位：____________________

2. 把成语补充完整。

成群结____　　你追我____　　风____日丽　　天____海角

3. 在高加索山脉的春天，为什么所有的动物都向山顶移动？

____

____

4. 在黑海，捕猎海豚的猎人为什么要观察海鸥？

____

____

____

锐眼竞赛

问题1

下面这些鸟，一种吃昆虫，一种吃谷类和浆果，还有一种吃小兽和其他的鸟。你能根据鸟嘴的形状，判断出哪种鸟是吃什么的吗？

问题2

这棵树中间部分的树皮被兔子啃光了。兔子怎么能爬到这么高的地方来啃树皮呢？为什么旁边的小树没有被吃呢？

No.2

春季第二月 | 4月21日到5月20日

候鸟返乡月

·太阳进入金牛宫·

一年：12个月的欢乐诗篇——4月

4月——融雪的月份！4月还在沉睡，4月的风已经醒来了！它挟着阳光在大地上飞舞，预告着春天的到来！

在这个月份里，水从山上奔流而下，鱼儿也将跃出水面。春天在把大地从雪底下解放出来后，开始执行它的第二项任务：将水从冰底下解放出来。融化的雪水汇集成小溪，悄悄流入河床。河水不停地上涨，终于挣脱了冰的束缚，在大地上泛滥开来。

被春水和温雨浸透了的大地，披上了色彩斑斓的衣裳，森林却仍旧赤裸裸地站在那里，等待着春天的照料。不过，树干里面的浆液已经在暗流涌动，芽儿也膨胀起来。枝头上的花儿，也一朵朵地绽放了！

预告
对未发生的事物进行一个预先的判断。

执行
贯彻施行；实际履行。

斑斓
色彩错杂灿烂的样子，灿烂多彩。

候鸟大搬家

候鸟像汹涌的浪潮，成群结队地从越冬的地方起飞，向着故乡的方向迁徙。它们的飞行，有着严格的规定，队伍整齐，秩序井然。

今年，它们回家的空中路线，还是和以前一样；飞行时遵守的那套规矩，也还是几千几万年来它们的祖先所遵守的那套。

头一批动身的，是去年最后离开我们这里的那些鸟——白嘴鸦、椋鸟、云雀、野鸭……而最晚飞来的，则是去年秋天最先离开的那批——身穿华丽服装的鸣禽。它们要等青草绿叶完全长出来之后才能回来。因为要是来得太早，在灰秃秃的大地和森林里，它们还找不到任何遮掩的东西来躲避敌人——那些猛兽和猛禽的侵袭。

但不管怎么样，它们还是一刻不停地飞回来了。它们沿着那条长长的飞行线，向着家的方向飞行。这是一条漫长的路途，我们把它叫作“波罗的海航线”。这条长长的海上旅行线，一头是朦胧昏暗的北冰洋，一头是晴朗明丽的炎热地带。

天空中，回家的队伍多得没完没了，一队有一队的日程，一队有一队的队形。它们沿着非洲的海岸，穿过地中海，经过比利牛斯半岛和比斯开湾的海岸，渡过一条条长长的海峡，飞过北海和波罗的海，向着家乡的方向，

秩序井然
指有条不紊，做事有序，不杂乱。井然，有条理的样子。

鸣禽
善于鸣叫的鸟类。能发出婉转动听的鸣声。

朦胧
物体的样子模糊，看不清楚。

海峡
两端连接海洋的狭窄水道。比如马六甲海峡、英吉利海峡、白令海峡等。

飞着，飞着。

一路上，有许多困难和灾难在等待着它们。浓雾像一堵堵乌黑的墙壁，将这些羽族旅行者困在中央，它们在这昏暗潮湿的雾里迷失了方向，左冲右撞，在尖利的岩石上撞得粉身碎骨。

粉身碎骨

身体粉碎而死。比喻为了某种目的或遭到什么危险而丧失生命。

海上刮着猛烈的风暴，吹乱了它们的羽毛，打折了它们的翅膀，把它们吹到看不见的遥远的地方。在饥饿和严寒的逼迫下，成千上万只鸟死在了回家的路上。

况且，还有那些猛禽——雕、鹰、鹞……它们聚集在候鸟回乡的飞行线上，不费什么力气，就可以享用到丰盛的大餐。

还有猎人，他们守在任何一个候鸟集中或歇息的地方，几百万只鸟将死在他们的猎枪下。

可是，什么也阻挡不了这些密密匝匝的队伍。它们穿过浓雾，冲破一切障碍，飞越1500千米的路程，向着它们的故乡飞来。

密密匝匝

很稠密的样子。

戴脚环的鸟

如果你打死了一只脚上戴着金属环的鸟，那么你就应该立即把这只金属环取下来，寄到中央鸟类装环局。他们的地址是：莫斯科，K–9，赫尔岑承袭街6号。你还要记得附上一封信，写清你是在什么地方、什么时候打死的这只鸟。

如果你捉到了一只脚上戴着金属环的鸟，那么就请你记下脚环上的字母和号码，然后把鸟放掉。当然，你还应该写上一封信，把你的发现报告给上面说的那个机关。

如果打死或捉到戴金属脚环的鸟的人不是你，而是你认识的人，那么就请你按照上面的提示，告诉他该怎么做。

因为，这些不是普通的鸟。

分量

重量；达到标准的数量。

人们把一种分量很轻的金属环（通常是铝做的）套在鸟的脚上。环上的字母，标注的是给它戴脚环的某个国家的某个科研机构。至于刻在脚环上的号码——在科学家的日记本里，也记着相同的号码，后面注明他是什么时候，在什么地方给这只鸟戴上脚环的。

科学家们用这种方法来探知鸟类生活的秘密。

候鸟

随季节不同周期性进行迁徙的鸟类。

比方说，在我国遥远的北方地区，人们给一只鸟戴上了脚环。后来，它在非洲南部，或者印度，又或者其他地方，被人逮住。那个地方的人就会把脚环从它的脚上取下来，寄回我们的国家。我们就这样用给候鸟戴脚环的办法，探知它们的秘密。

悦读链接

鸣　禽

我们通常把那些叫声好听的鸟类称为鸣禽。可是，你知道鸟类的叫声好不好听和什么有关吗？

答案是种类。这可不是开玩笑，鸣禽其实是鸟类的一个类别，雀形目鸟类下面就有一个鸣禽亚目，又称为燕雀亚目。鸣禽亚目下面又分鸦小目及雀小目，鸦小目再分为琴鸟总科、吸蜜鸟总科、鸦总科三个总科，雀小目再分为鹟总科、莺总科、雀总科三个总科。鸣禽亚目包含83科、4000多种，占鸟类种数的五分之三，是鸟类中最进化的类群。分布广泛，能够适应多种多样的生态环境，因此外部形态非常复杂，相互间的差异十分明显。

鸣禽的鸣管结构复杂而发达，大多数鸣禽有复杂的鸣肌附于鸣管的两侧。鸣禽基本上都属小型鸟类，嘴小而强，脚较短而强，多数营树栖生活，少数为地栖。

悦读必考

1. 解释下列词语。

暗流涌动：________________

密密匝匝：________________

2. 会给候鸟往返迁徙造成伤亡的因素有哪些？

____

____

3. 你见过戴脚环的鸟吗？用自己的话说一说脚环的作用。

____

____

森林大事典

泥泞季节

现在，好像整个世界都陷入了泥泞。不论是林中道路，还是村镇上的小路，雪橇和马车都无法行走。我们得费很大的劲儿，才能得到一点点森林里的消息。

泥泞
因有烂泥而不好行走。

雪底下的浆果

在林中的沼泽地上，蔓越橘从雪底下钻出来了！农庄里的孩子们一有空就跑到林子里，采集这些果子。他们说，隔年的陈浆果要比新鲜的浆果甜得多。

浆果
由子房或联合其他花器发育成柔软多汁的肉质果。

昆虫狂欢节

柳树开花了。它那疙里疙瘩的灰绿色的枝条，被无数轻盈的嫩黄色小球遮得看不见了。现在，它从头到脚都变得毛茸茸、轻飘飘的，一副喜气洋洋的模样。

喜气洋洋
充满了欢喜的神色或气氛。洋洋，得意的样子。

不过，高兴的可不止柳树——它们开花了，那些小昆虫的节日就到了！

你看，在那漂亮的树丛周围，身体粗壮的雄蜂嗡嗡地飞着，寻找合适的蜜源。昏头昏脑的苍蝇闲来无事，撞来撞去，不知道该干些什么。而精明强干的蜜蜂早就在那儿翻动着一根根纤细的雄蕊，采集花粉了。

还有各种各样的蝴蝶，它们扑扇着彩色的翅膀，飞来飞去。瞧！这只长着雕花般翅膀的黄蝴蝶，是柠檬蝶！那只大眼睛的棕色蝴蝶，是荨麻蛱蝶！

那边还有一只长吻蛱蝶，它落在那毛茸茸的小黄球上，用带着黑色花纹的翅膀遮住小黄球，把尖尖的吸管伸到花蕊中吸食花蜜。

在这一簇鲜艳快活的树丛旁边，还有一棵树，它也是柳树，也开了花。可是，这些花完全是另外一种样子——蓬蓬松松的灰绿色小毛球，难看极了！小毛球上也有一些昆虫，只是没有那棵树上热闹罢了。

不过，柳树的种子却正是在这棵树上结的！原来，昆虫们已经把黏糊糊的花粉，从那些黄色的小毛球上搬到了灰绿色的小毛球上！不久，在每一个小瓶子似的雌蕊里，都会结出种子的。

雕花

一种民间艺术工艺，在木器上或房屋的隔扇、窗户等上头雕刻图案、花纹。

蓬蓬松松

指东西松散杂乱。

柔荑花序

在河流的两岸和森林的边缘，开出了许多柔荑花序。不过，它们并不是开在刚刚解冻的大地上，而是开在被春天的太阳晒得暖洋洋的树枝上。

> **解冻**
> 指冰冻的土地、江河等在气温回升时融化；解除对资金等的冻结。

那是一些长长的、浅咖啡色的小穗儿，就挂在白杨树和榛子树上。这些小穗儿就是柔荑花序。

它们都是去年长出来的。在整整一个冬天里，它们一直保持着结结实实的状态，一动不动。现在，它们舒展开了，变得蓬松而富有弹力。你把树枝轻轻一摇，它们就摇摇晃晃地冒出一股股轻烟般的花粉。

不过，除了这些会冒花粉的柔荑花序，在白杨树和榛子树的树枝上，还有一种别的花儿——雌花。

白杨树的雌花，是褐色的小毛球；榛子树的雌花，是粗壮的苞蕾，从里面还伸出一些粉红色的细须，就像是躲在苞蕾里的昆虫的须子。其实，这是雌花的柱头。每一朵雌花都有好几个柱头。

> **苞蕾**
> 植物花朵的蓓蕾期的称呼。

现在，白杨树和榛子树还没有叶子，风自由自在地在光秃秃的枝丫间穿来穿去，卷起花粉，将它们送到另一棵树上。在那儿，雌花粉红色的柱头会将这些花粉接住——它受精了。到了秋天，它们将变成一颗颗榛子或是含有种子的白杨树的黑色球果。

> **枝丫**
> 呈叉状的树枝桠，木桠杈。

日光浴

现在，蝰蛇每天早上都会爬到小树墩上去晒太阳。不过，它爬起来并不是那么灵活，因为天还很冷，它身体里的血还是凉的。等它在太阳下晒暖和了，就会变得活泼起来。到时，它就该动身去捕捉青蛙或老鼠了。

动身
启程，上路，出发。

颤动的蚂蚁窝

在一棵云杉树下，我们找到了一个大蚂蚁窝。起初，我们以为这不过是一堆落满老针叶的垃圾，怎么也没想到它竟然是蚂蚁的城堡！因为在这里，我们连一只蚂蚁也没看到！

蚁酸
学名甲酸，存在于蜂类、某些蚁类和昆虫的分泌物中，是一种腐蚀性很强的脂肪酸，能刺激皮肤起泡。

现在，覆盖在上面的雪化了，蚂蚁都爬出来晒太阳。经过一个长长的冬天，它们变得非常虚弱，大大小小粘在一起，黑乎乎的一片！我们拿小棍儿轻轻地拨了拨它们，它们只勉强动了动，连用刺激性的蚁酸来回射我们的力量都没有！

看来，还得过几天，它们才能开始干活！

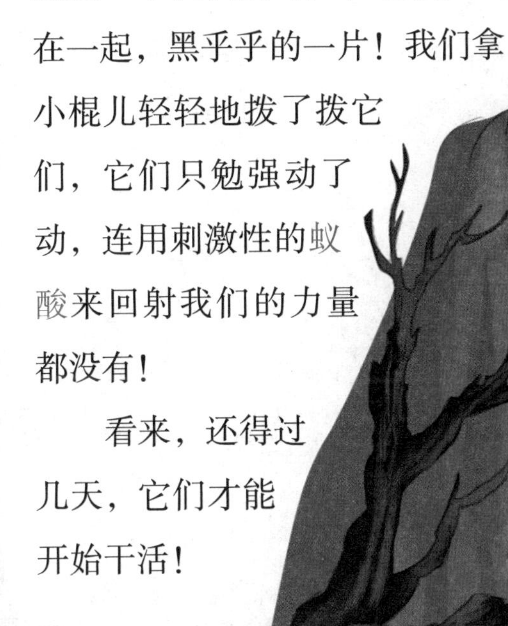

还有谁醒了

晕头转向

头脑发晕，辨不清方向。形容糊里糊涂或惊惶失措。

笼罩

像笼子似的罩在上面。

苏醒

从昏迷中清醒过来。

蝙蝠和各种甲虫也都苏醒过来了！现在，我们又可以看到磕头虫表演那令人晕头转向的绝技了——你只要把它仰面朝天放在地上，它就会把头使劲儿一磕，蹦个高，在空中翻个跟头，然后再稳稳地落在地上。

我们还看到了蒲公英，它们开花了。还有白桦，全身上下被一层绿色的薄雾笼罩起来，眼看就要长出叶子了！下过第一场雨后，粉红色的蚯蚓从土里钻出来。林子里出现了第一批蘑菇——羊肚蕈和编笠蕈。

不远处，池塘也苏醒了。青蛙离开淤泥里的床铺，产下卵，然后从水里跳到了岸上。

蝾螈呢？正好相反。现在，它刚从岸上返回水里。这些黑黑的，长着一条大尾巴，貌似蜥蜴的家伙，一到冬天就离开池塘，躲到潮湿的苔藓里睡大觉。

癞蛤蟆也产了卵。不过，这些卵和青蛙的不太一样。青蛙的卵就像果冻，一团一团地漂在水里，上面尽是些小泡泡，每个小泡泡里都有一个圆圆的黑点儿。不久之后，它们就会变成小蝌蚪。而癞蛤蟆的卵则是用一条细带子连在一起的，一串一串附着在水草上。

蝌蚪
蛙、蟾蜍、蝾螈、鲵等两栖类动物的幼体。

森林里的卫生员

冬天，有时严寒骤然到来，好多飞禽走兽来不及躲避，被冻僵了，埋在雪底下。现在，春天到了，它们都露出来了！可是，它们不会在那里躺很久——熊呀、狼呀、乌鸦呀、喜鹊呀、屎壳郎呀，还有蚂蚁和其他一些别的森林里的公共卫生员，很快就会把它们收拾走的。

骤然
来得很突然，没有任何的征兆，一下子就发生了，没给任何准备。

它们是春花吗

现在，你可以找到许多开花的植物，像三色堇、荠菜、蓼、欧洲野菊什么的。

你是不是以为它们和春天的娇雪花一样，也是从地里钻出来的——先探出绿色的细梗，然后用力一伸腰，于是，它们的小花儿就开出来了？

才不是呢！它们都是些坚强的花儿，从来也不会躲起来过冬。它们总是顶着满头花蕾，勇敢地迎接冬天。

等头上的白雪一融化，它们就醒过来了，花蕾也恢复了生气，一朵接一朵地盛开了，在草丛中望着我们。

娇雪花
又名雪铃花、雪滴花或铃兰水仙，石蒜科植物，株丛低矮，花叶繁茂，一般早春萌发，三四月份开花。

你说，它们算是春花吗？

会飞的小兽

森林里，一只啄木鸟高声叫起来。那声音实在太大了，我一听，就知道它遇到祸事了！

祸事
灾祸之事；危害性很大的事情。

我穿过灌木丛一看，空地上有一棵枯树，树干上有个整整齐齐的窟窿，那是啄木鸟的家。此时，一个罕见的小兽，正顺着树干朝那个窟窿爬去。我不知道这是什么兽——灰不溜秋的，耳朵圆圆的，就像小熊的耳朵，眼睛则又大又凸，和鸟儿的眼睛一样。

只见它爬到洞口，朝里望了望，看来是打算偷吃鸟蛋！这时，那只啄木鸟猛地向它扑去！那小兽向树干后一闪，围着树干转起圈来，啄木鸟也追着它转了起来。

打算
计划或预定要达到一个预定的目标。

滑翔
利用空气浮力在空中滑行。

小兽越爬越高——不行，上不去了！树干到头儿了！啄木鸟借机狠狠地啄了它一口！

哎呀！只见它纵身一跳，在空中滑翔起来！它张开四只小爪子，身子轻轻地朝两边摆了摆，转动起小尾巴，就像一片

秋天的枫叶，越过草地，落在一根树枝上。

这时我才明白，原来它是一只会飞的小兽——鼯鼠。它的两肋生有皮膜，只要伸开四只脚，再打开皮膜，就能飞起来了！

它可是我们森林里有名的跳伞运动员！只可惜太少见了！

悦读链接

蝾　螈

蝾螈是有尾目两栖动物，外形和蜥蜴相似，但体表无鳞，靠皮肤来吸收水分，以蜗牛、昆虫及其他小动物为食，因此需要潮湿的生活环境。蝾螈是在侏罗纪中期演化的两栖类中的一类，目前存活的约有400种，广泛分布在北半球温带地区的淡水和潮湿林地之中。水栖者皮肤光滑，称蝾螈；而陆栖者皮肤粗糙，称水蜥。环境到摄氏零下以后，会进入冬眠状态；春季返回池塘或溪流繁殖。

悦读必考

1. 解释下列句子中“生气”的意思，比较它们有什么不同。

（1）等头上的白雪一融化，它们就醒过来了，花蕾也恢复了生气。

（2）小明打碎了花瓶，妈妈很生气。

____

____

2. 雌蕊的形状像什么？

3. 哪种动物是森林里有名的跳伞运动员？

飞鸟带来的紧急信件

发大水啦

春天给森林里的动物带来了很多灾难。雪融化得很快，河水开始泛滥，淹没了两岸，许多地方都成了汪洋大海。

从四面八方都传来了动物们遭殃的消息。最倒霉的是兔子、鼹鼠、田鼠以及和它们一样住在地底下或地面上的小动物。大水冲进它们的屋子，它们只好从家里逃出来了！

遭殃
遭遇祸殃。

每只小动物都在想方设法躲开春水的袭击。鼩鼱爬上了灌木丛，待在那里等待大水退去。它缩在那儿，一副可怜巴巴的样子。没办法，它饿得慌啊！

想方设法
想种种办法。

可怜巴巴
非常令人可怜的样子。

大水漫上岸的时候，一只鼹鼠差一点儿被闷死在地下！现在，它好不容易爬出来，顺着水面游起来，想给自己找个干燥的地方！

鼹鼠是个出色的游泳选手，它一直游了好几十米，这才爬上岸！显然，它对自己的技术很满意，抖了抖黑得发亮的皮毛，又顺利地钻到地下去了！

住在树上的兔子

春水泛滥的时候，有只兔子遇到了这么一件事。

原来，它住在一条大河中的小岛上。每天夜里，它都会跑出来啃小白杨树的树皮，天亮了再躲回灌木丛，省得被狐狸发现。这只兔子年纪不大，而且不是很聪明。当河水把那些还没融化的冰块冲到小岛边上时，它正安安稳稳地躺在灌木丛下睡大觉。

安安稳稳
安全而稳当。

太阳晒得它浑身暖暖的，所以它根本没有发现河水正在迅速上涨。直到高涨的河水把它的毛湿透了，它才醒过来。可这时，周围已经是一片汪洋了。这只兔子只好向岛中央逃去，那里还是干的。

可是，河水涨得很快，小岛越来越小、越来越小。

这个倒霉的家伙从岛的这一边蹿到那一边，又从那一边蹿到这一边，急得不知怎么办才好。眼看着小岛就要被大水完全淹没，可它又不敢跳到河里。这么急的水，它根本游不过去啊！整整一天一夜，就这么过去了。

第二天早晨，小岛只剩下一小块地方露在水外了。在那儿长着一棵大树，树干又粗又壮，这只已经被吓得失魂落魄的兔子，开始绕着树干乱跑起来。又一天过去了！

失魂落魄

形容惊慌忧虑、心神不定、行动失常的样子。

第三天，水已经涨到了大树跟前。兔子拼命地向树上跳去，一次，两次……最后，它终于跳上了最低的那根粗树枝，在上面安下身来，等待着大水退去。幸运的是，水已经不再上涨了。

在这里，兔子并不担心自己会挨饿，因为老树的皮

虽然又硬又苦，但还算可以入口。最可怕的是风，它呼啸着卷过来，把大树吹得来回摇晃。

这时的兔子，就像一个趴在桅杆上的水手，随着脚下的树枝左摇右摆，它紧紧地抱着树枝，望着下面奔流的河水。水面上，木头、树枝、麦秸、动物的尸体，随着呼啸的河水，从兔子身下漂了过去。

在这些东西里，兔子看到了另外一只兔子的尸体，正随着水浪上上下下。这只可怜虫吓得浑身发抖，眼看着自己的同伴肚皮朝天、四脚伸直，随着那些树枝、麦秸漂向远处。

这个可怜的家伙胆战心惊地在树上待了三天，水终于退了。它这才活动活动僵直的四肢，跳下大树。

现在，它只好在这个小岛上继续待下去，一直待到夏天了。那时，河水变浅，它才有机会跑回岸上。

呼啸

（风）发出高而长的声音。

桅杆

船上悬挂帆和旗帜、装设天线、支撑观测台的高的柱杆。

胆战心惊

发抖，哆嗦。形容非常害怕。

鳊鱼

三角鲂、团头鲂（武昌鱼）的统称。

小船里的松鼠

在被春水淹没的大地上，一个渔人布下了大网，想捉些鳊鱼。他划着小船，从那些露在水面上的灌木丛中缓缓穿过。在一棵灌木上，渔人看到了一个奇怪的东西，好像一个浅棕色的蘑菇。忽然，那蘑菇动起来，它从

树枝上一跃，跳到了渔人的小船里。这时渔人才看清，那是一只浑身上下湿淋淋的松鼠。

渔人把小船划到岸边。那松鼠立刻从小船里跳出去，蹦蹦跳跳地钻到树林里去了。它为什么会出现在水里的灌木丛中？它又在那里待了多久？谁也不知道。

受苦的鸟儿

比起这些小兽，发大水对鸟儿来说并不是太可怕的事情。可也不是每一种鸟都能幸免，还有许多鸟也因此而饱受痛苦。这不，一只淡黄色的鹀鸟刚刚在水渠边做好巢，生下几个蛋，大水就到了。它冲毁了鹀鸟的巢，把蛋也冲走了。这个可怜的妈妈，只好另找地方做巢了。

幸免

饶幸得以避免。

还有沙锥，它们也在受苦。这些长嘴巴的小家伙，本来是住在林中的沼泽地里的，现在却被大水逼到了树干上。要知道，让它们用那双便于在地上走路的脚站到树干上，那可跟让狗站在栅栏上一样别扭。可这又有什么办法呢？每个春天都是这样度过的！它们必须待在树干上等着，一直等到能够重新回到松软的沼泽地上。幸好，这样的日子不会太长。不久，它们就会迎来狂欢的5月。

沙锥

鸻形目鹬科约10种滨鸟的统称。腿短、嘴长，身体肥短。

误打误撞的猎物

误打误撞

指事先未经周密考虑。

有一次，我们的一位猎人通讯员悄悄靠近了一群野鸭，它们正栖息在湖边的灌木丛后面。猎人在靠近它们的时候，突然听到灌木丛后面传来一阵嘈杂的声音，紧接着看到一个长长的、脊背光溜溜的怪物在水中来回晃动。猎人用打野鸭的霰弹枪，对着这个怪物连放了两枪。等他走过去，捡起来一看，原来打死的是一条梭鱼。

脊背

人或其他脊椎动物的背部，之间的骨叫脊椎，而脊椎朝外的，处在“背”上的，称之为脊背。

这个时期是梭鱼的产卵季节。可惜，猎人没有认出那条梭鱼来，否则绝不会犯法的。法律规定，春天禁止开枪打游到岸边产卵的鱼，包括梭鱼和其他肉食动物都不能打。

最后一块坚冰

在一条小河的河面上，曾经有一条冰道横穿过去，这是集体农庄的庄员们驾着雪橇所走的道路。春天到了，小河上的冰开始融化，裂成一块一块的。于是，这条路也就摇摇晃晃，随着河水朝下游漂去。

这是一块很脏的冰，上面满是马粪、雪橇的车辙和马蹄印。在冰块当中，还丢着一只马掌上的钉子。起初，这块冰刚漂到河床上，一些小白鹡鸰飞到上面，啄食落在上面的苍蝇。后来，河水漫上了岸，冰块被冲到了草场上，鱼儿游过来，在下面穿来穿去。

鹡鸰
一种嘴细，尾、翅都很长的小鸟，生活在水边，吃昆虫等。

一天，一只黑色小兽冒出水面，爬上了冰块。这是一只鼹鼠，大水淹没了草场，它在水底下无法呼吸，这才浮到了水面上。碰巧遇到这块冰，它便爬了上去。鼹鼠随着冰块一直漂流到一个土丘边，冰块被土丘上的杂草挂住，鼹鼠赶紧跳上土丘，挖了个洞，钻了进去。

漂流
漂浮于水上，顺水流动。

水上通道

小河里密密麻麻漂满了木材：人们开始利用河水运输冬天砍下来的木材了。在小河流入大江、大湖的地方，人们早就筑好了一道堰，堵住小河口。然后，木筏工人们在那里把木材编成木筏，继续向前输送。

在列宁格勒省的森林里，有几百条这样的小河，其中许多条都会汇集到姆斯塔河，接着流入伊尔明湖，再流过宽阔的伏尔霍夫河，注入拉多加湖，最后流进涅瓦河。

汇集
汇聚、累积，连在一起。常用于指河流的汇聚。

冬天，伐木工人们在森林里砍伐下木材。到了春天，他们就会把木材推到小河里。于是，那些不会动弹的木材，便像长了脚一样，随着流水开始了一段旅行。

木筏工人们称得上见多识广了，他们见过各种各样的事情。有一位工人曾告诉我们这样一个故事：

有一只松鼠，正坐在河边的树墩上，捧着一个松果啃得正香。忽然，从远处的树林中跑出来一只大狗，“汪汪”地叫着，朝松鼠扑过去。本来，这只松鼠是可以逃到树干上去的。可是，附近一棵树也没有，于是，松鼠把松果一丢，向小河边逃去。

大狗在后面紧紧地追着它。当时，河面上漂浮着许多木头，于是，松鼠跳上距离河岸最近的那根木头，紧接着跳上第二根、第三根……大狗在后面紧追不舍，也跟着跳了上去。可是，狗的腿又长又直，怎么能在一根根圆溜溜的木头上跳跃呢？只见它两脚一滑，便栽进了河里。而那只灵巧的松鼠，这会儿已经跳过一根又一根圆木头，跳到对岸去了。

还有一个木筏工人，看见一只棕色的野兽，趴在一根单独浮着的

见多识广

见过的多，知道的广。形容阅历深，经验多。识，知道。

松果

别称：松塔，为松科植物的种子，成熟后内有松子。

紧追不舍

形容紧紧追随其后，努力缩小差距，使差距接近、势均力敌。

大木头上，嘴里还叼着一条大鳊鱼，惬意得很！等近了他才发现，原来是一只水獭！

惬意：形容心情愉快或畅快，愉悦或舒畅。

鱼儿在冬天干什么

冬天，天寒地冻，许多鱼儿都在睡大觉。

鲫鱼和冬穴鱼早在秋天就钻到河底的淤泥里去了。鮈鱼和小鲤鱼在沙底下的坑洼里；鲤鱼和鳊鱼躺到了长满芦苇的河湾或湖湾的深坑里；鲟鱼秋天就聚集到了大河河底的坑洼中，在那里密密匝匝地挤作一团。这种大河冬天冻不透，越到深处，水就越温暖。

坑洼：形容物体表面凹凸不平，高高低低。

密密匝匝：形容很稠密的样子。

还有一些鱼，冬天几乎不睡觉。那么，它们都在干些什么？在这一期的《森林报》中我们会告诉你。至于上面说的那些冬天睡觉的鱼，现在也都醒了过来，开始产卵了。

钩钩不落空

古时候有一种习俗：每逢猎人们出发去打猎的时候，人们总是会和他们说：“祝你连根鸟毛也打不到！”不过，对于准备去钓鱼的人，这句话却变成了：“祝你钩钩不落空！”

在我们的读者中，也有许多喜欢钓鱼的人。我们不仅想祝愿他们满载而归，而且还准备帮助他们，告诉他们什么鱼什么时候在什么地方最容易上钩。

满载而归：原指装得满满地回来，形容收获很大，也可以形容学术上取得很大的成果。满，满满地。载，装载。归，返回。

河面开冻后，你可以立即捉蚯蚓钓山鲶鱼；池塘里和湖里的冰融化后，就可以钓铜色鲑鱼了，它们就藏在岸边的草丛里。再过些时候，你还可以钓小鲤鱼。

著名的捕鱼业专家库尼洛夫曾经说过：“钓鱼的人应该研究鱼儿在春、夏、秋、冬各种天气下的生活习性。这样，当他来到河边或湖边的时候，才能正确地找到钓鱼的好地方。”

等到春水完全退下去，露出河岸，水也开始变清的时候，你就可以开始钓梭鱼、硬鳍鱼、鲤鱼和鳜鱼了。你可以把钓钩下在这些地方：小河口和天然的水道里；浅滩和石滩旁；陡岸和深湾旁，特别是在岸边有被淹没的树木的地方；风平浪静时，鱼钩可以抛到水中的窄河区；桥墩下、小船上；水磨坊的堤坝上。另外，不论是深水里，还是岸边树丛

鳜鱼

一种名贵的淡水鱼类，栖于江河湖泊中。秋冬时节，它们潜到深水处越冬；到了春天，它们会游到食物丰富的近岸水草丛中寻觅食物。所以，春天在岸边垂钓，能钓到鳜鱼。

下的浅水里，都可以下钩。库尼洛夫还说过："适用于钓各种鱼的钓鱼竿，从初春到深秋，无论在什么地方都可以用。"

从5月中旬起，你可以用红虫子从湖水和池塘里钓冬穴鱼；再晚些时候，钓斜齿鳊鱼和鲫鱼的时候就开始了。最适于钓这些鱼的地方是：岸边的草丛旁、灌木旁和1.5~3米深的河湾。注意不要老待在一个地方钓。如果没有鱼上钩，就应该立即换到灌木旁，或者芦苇丛、牛蒡丛的缝隙里。如果坐着小船钓鱼，那就更方便了。

等到风平浪静的小河里变得清澈透明时，在岸上就可以钓到任何鱼了。在这种时候，最适合下钩的地方有：陡峭的岸边、水中有残存树丛的河心，以及岸边有杂草的小河湾上。

陡峭

指山势高而陡峻，比喻不平坦。

有时候，从这种小河湾或树丛边很难走过去，因为河岸泥泞，周围全是水。可是，如果你想办法踩着草墩子，或者穿着高筒靴走过去，把鱼饵甩到牛蒡后或芦苇丛里，那你就会大获丰收了！这里有的是斜齿鳊鱼和鳜鱼！不过，你得沿着岸边走，仔细找个好地方，把鱼饵甩到从来没有人到过的地方。

注意，钓大鲤鱼要用豌豆、蚯蚓或蚱蜢作饵，钓竿用普通的带浮标的鱼竿就行。不过，从5月中旬到9月中旬，即使不用带浮标的鱼竿，也能钓到许多鱼。

浮标

标明水体表面下的物体（如鱼钩、捕龙虾用的篓筐）位置的浮于水面的指示器。

适于钓这些鱼的地方是：大坑、河水曲折的急流旁；

林中小河比较宽阔的地方；岸边生有灌木的深水潭；堤坝下和石滩上。还有几种鳜鱼要在石滩和暗礁附近才能钓到。而有些鲤鱼和不大的鱼，要在离河岸不远的急流里，或者有砾石的天然水域中才可钓到。

暗礁

海洋、江河中隆起而不露出水面的岩石，是航行的障碍；比喻潜在的障碍。

悦读链接

春　汛

由于冬季降雪而形成的积雪在春天融化，往往容易形成洪涝灾害，我们称之为春汛，又有“桃花汛”的别称。这一现象在我国并不常见，但是降雪量极大的俄罗斯是春汛的多发国家，而且春汛的规模往往大于因为降雨量过大而引起的夏汛。

春汛有时也会以“凌汛”的形式出现。水面有冰层，且破裂成块状，冰下有水流，带动冰块向下游运动。在下段河道结冰或冰凌积成的冰坝阻塞河道，造成河道不畅而引起河水上涨。上游冰雪融化而下游尚未解冻的状况，最容易造成凌汛。俄罗斯境内有多条河流是由南向北，注入北冰洋，完全符合凌汛的形成条件。

悦读必考

1. 写出下列词语的近义词。

迅速——__________　　安稳——__________

嘈杂——__________

2. 春水泛滥时，哪些鸟儿在受苦？

3. 春水泛滥时，禁止开枪打什么鱼？

农庄新闻

在集体农庄里

拖拉机
主要用于农业的动力机械，能牵引不同的农具进行耕地、播种、收割等。

停歇
停止行动而休息一下。

腰身
身段；体态。

雪刚刚融化，集体农庄的庄员们就驾驶着拖拉机，到田里去了。在我们这里，耕地用拖拉机，耙地也用拖拉机。如果给拖拉机挂上钢爪，它甚至能把大树墩连根拔起。

现在，拖拉机整天都在“轰隆轰隆”地响着，耕地、耙地，一刻也不停歇。每辆拖拉机的后面，都摇摇摆摆地跟着一大群黑里透蓝的秃鼻乌鸦。

远一些的地方，灰色的乌鸦和白腰身的喜鹊也蹦蹦跳跳不肯散去。原来，那些被犁和耙从土里翻出来的蛆虫、甲虫以及甲虫的幼虫，都是鸟儿们的好点心。

不久，地耕好了，也耙过了。拖拉机又开始拖着播

种机在田里奔跑了。一粒粒饱满的种子从播种机里均匀地撒出来。最先播下去的是亚麻，然后是娇气的春小麦，紧接着是燕麦和大麦，这些都是春播作物。

至于秋播作物：黑麦和冬小麦，现在已经长到离地面好几厘米高了。这两种作物都是去年秋天就种上的。

每天，天蒙蒙亮或是太阳快要下山的时候，在充满生机的绿树丛中，总像有一辆看不见的大车在吱吱作响，又好像是一只巨大的蟋蟀在叽叽地唱歌："契尔尔——维克！契尔尔——维克！"

其实，这不是大车，也不是蟋蟀，而是美丽的"田公鸡"——灰山鹑在啼叫。它披着灰色的大褂，外带白色的花斑，脸颊和颈部是橘黄色的。现在，在绿树丛的某个角落，它的妻子已经做好了巢。

草场已经变成了嫩绿色，牧童们开始把牛群、羊群赶到那里。每

均匀

指分布或分配在各部分的数量相同；大小粗细、时间的间隔相等。

灰山鹑

一种中等体型的灰褐色鹑。喜有矮草的开阔原野，尤其是农田。主要以草本植物和灌木的嫩枝、嫩叶、芽、花、果实、种子等植物性食物为食。

天早上，那些住在小房子里的集体农庄的孩子们，都是在牛马的嘶叫声中醒来的。

在那些马背或牛背上，人们经常会看到一些奇怪的“骑士”，那是寒鸦和椋鸟。它们紧贴在牛背或马背上，伸出尖尖的嘴巴不停地啄着，发出“笃笃笃”的声音。可是，那些牛或马并不会撵它们走，这是为什么呢？

原因很简单：反正这些小骑士也没有多重！更何况，它们对牛和马还有好处呢！原来，在牛、马的背上藏着许多牛虻或马虻的幼虫，另外还有苍蝇的卵，它们弄得这些大家伙很难受。而那些寒鸦和椋鸟，就是帮它们啄食这些“吸血鬼”的。

农庄里，毛茸茸的丸毛蜂早就醒来了，嗡嗡地叫着。细腰身的黄蜂也醒来了，到处飞舞。还有蜜蜂，它们也该出来了，它们忙碌的时候到了。

这不，农庄的庄员们把藏在地窖里的蜂房拿出来。金黄色的蜜蜂从蜂房里爬出来，在太阳下待了一会儿，晒得浑身暖洋洋的。然后，它们便扇着翅膀飞进花丛，去采集甜津津的花蜜了。这可是它们今年第一次采蜜呢！

撵
驱逐。

牛虻
双翅目虻科昆虫，雌虫有强度螫刺能力，牛、马等厚皮动物亦易受其侵袭，因此，虻类为重要畜牧业害虫。

新城市

昨天，只是一晚上的工夫，在果园附近就出现了一座新城市！这座新城市里所有的房子都是一个式样的。听说，这些房子并不是盖起来的，而是用担架抬来的。

现在，天气暖洋洋的。这个城市里的居民都出来游玩了。它们在自己屋子的上空盘旋着，想办法记清自己家所在的街道。

式样

又作样式，在加工制造产品时，所设计的初期标准（样标）。形状；样子；格式。

盘旋

沿着螺旋轨道运动；旋绕飞行。

马铃薯的节日

如果马铃薯会唱歌的话，那么，今天你一定能听到它在唱一支快乐的歌儿。因为今天是它们的节日，而且是一个很大的节日——它们被小心翼翼地装进木箱，放到汽车上，运往田里。

小心翼翼

原形容恭敬严肃的样子，后来形容举动十分谨慎，丝毫不敢疏忽。翼翼，恭敬谨慎的样子。

为什么要小心翼翼地装呢？为什么要装到木箱里，

而不是麻袋或其他什么别的东西里？很简单，因为马铃薯发芽了。多可爱的芽啊——短短的、胖胖的，浑身黝黑，下面还有许多白色的小突起！

黝黑

皮肤暴露在太阳光下而晒成的青黑色。多形容人的皮肤黑。

神秘的坑

在校园里，秋天就挖好了一些坑，也不知道是干什么用的。于是，这儿变成了青蛙的乐园。可现在呢？连它们也明白了，这些坑是栽果树用的。

大车运来了许多果树苗：苹果树、梨树、樱桃树，还有李子树。孩子们把它们搬下来，小心地栽到坑里。

给牛“修指甲”

集体农庄的理发师正在给牛“修指甲”。他把它们的四只蹄子都刷干净了。不久，这些蹄子就要走到牧场上去了，所以一定要把它们修理得好好儿的。

开始干活儿了

拖拉机还在日夜不停地轰鸣着。一群群寒鸦放肆地跟在它们的后面，忙得团团转，抢食被拖拉机翻出来的蚯蚓。

轰鸣

（机器等）发出轰隆轰隆的巨大声音。

可是，在江河和湖沼附近，跟在拖拉机后面的，却不是寒鸦了，而是一群群白色的鸥鸟，它们也爱吃土里的蚯蚓和在土里过冬的甲虫的幼虫。

奇怪的芽儿

在一些黑醋栗上，有一种奇怪的芽儿。芽儿很大，圆乎乎的，有些已经张开了，样子就像缩小了的甘蓝叶球！我们拿放大镜仔细观察了这些芽儿。天啊，里面住满了惹人讨厌的东西——长长的、弯弯的，还直蹬腿儿呢！

它们的学名叫芽壁虱，正是因为它们，芽儿才膨胀得这么大！这些可恶的家伙，是黑醋栗最可怕的敌人！它们不但把黑醋栗的芽儿给毁了，还把传染病带到了黑醋栗上，黑醋栗得了这种病，就不结果实了！

在一棵黑醋栗上，要是这种膨大的芽儿不是很多，那就把它们全都摘下来烧掉。如果这些膨胀的芽儿很多，那只好把整棵黑醋栗都烧掉了！

甘蓝

十字花科芸苔属的一年生或两年生草本植物，是我们的重要蔬菜之一。俗称卷心菜、洋白菜、高丽菜、椰菜、包包菜（四川地区）。

膨胀

由于温度升高或其他因素，物体的长度增加或体积增大。

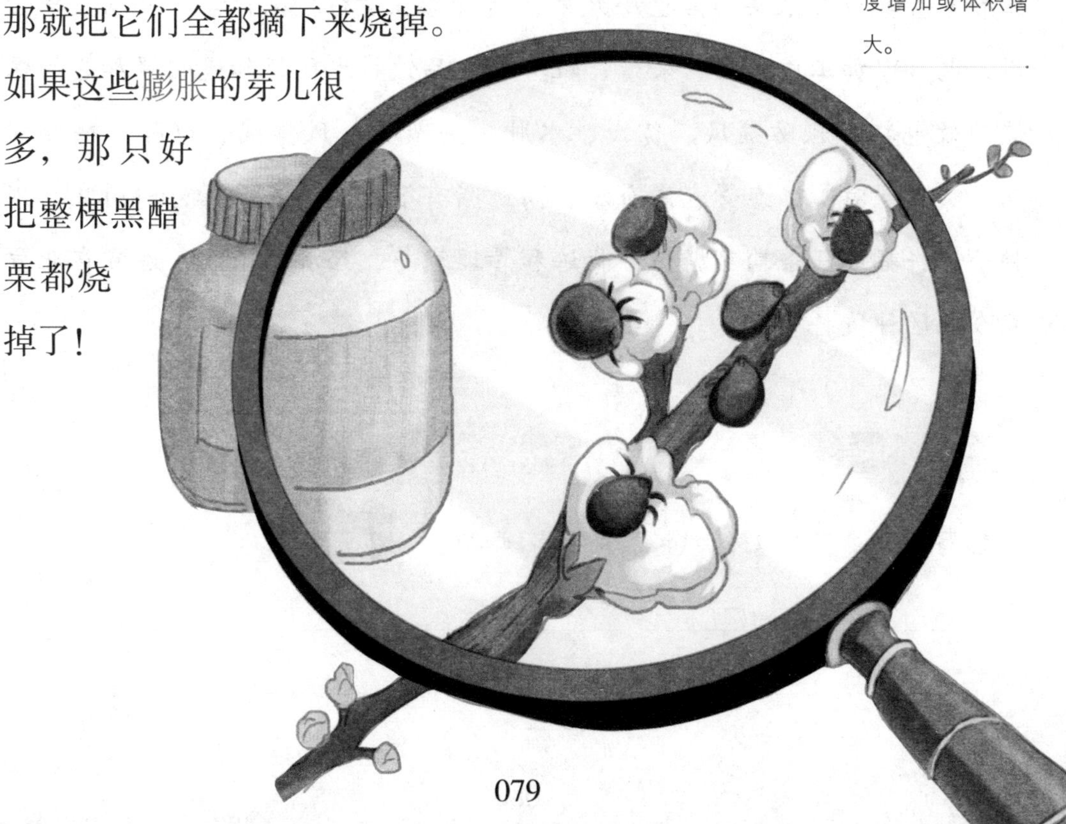

乘坐飞机的小鱼

“五一”集体农庄来了一批一岁的小鲤鱼。它们是装在矮木箱里，乘坐飞机来到这里的。虽然经过了长长的一段空中旅程，它们的身体还是很健康。这不，它们已经欢欢喜喜地在农庄的池塘里游来游去了！

悦读链接

黑醋栗

黑醋栗又名黑加仑、黑茶藨子、旱葡萄，虎耳草科茶藨子属落叶直立灌木。其成熟果实为黑色小浆果，富含维生素C、花青素，可以直接食用，也可以加工成果汁、果酱、罐头等食品饮料。已经知道的黑加仑的保健功效包括：预防痛风、贫血、水肿、关节炎、风湿病、口腔和咽喉疾病、咳嗽，对心脑血管、高血压、高血脂有很好的效果。喜光、耐寒，用种子、扦插或压条均可繁殖，栽培和管理容易，经济价值高，适宜在北方寒冷地区种植。

悦读必考

1. 写出至少三个含有“虫”旁的字。

____

____

2. 秃鼻乌鸦为什么要跟在拖拉机的后面？

3. 为什么椋鸟和寒鸦在牛马的背上站着兜风？

城市新闻

植树节

雪早就化了，大地也解冻了。在城市和省区里，人们迎来了第一个佳节——植树节。

在学校、公园、住宅区附近以及大路上，到处都是孩子们忙碌的身影。他们正在做植树的准备。涅瓦区少年自然科学家试验站已经准备了好几万株果树插木。苗圃也已经把两万棵云杉、白桦和槭树的树苗，分给了各个学校。

植树节

一些国家以法律规定的以宣传保护森林，并动员群众参加以植树造林为活动内容的节日。由于各国地理位置不同，植树节在各国的时间也不相同。我国的植树节是3月12日。

槭树

槭树科槭属树种的泛称，其中一些树种俗称为枫树。

种子存储罐

我们的国家辽阔无边，要保护所有的田地不受风害，得需要多少树苗啊！我们每个孩子都知道植树造林这件事的重要性。所以，在六年级甲班的教室里，早就准备好了一个大大的木桶，它是专门用来盛放种子的。孩子们把收集到的各种种子装在小桶里，带到学校，再倒进这个大木桶。现在，木桶里有白桦种子、槭树种子，还有结结实实的橡实！在我们班，光维加一个人，就收集了10千克梣树种子！到了秋天，我们会把这个装满种子的木桶献给政府，培育新的树苗。

梣树

木犀科。落叶乔木。木材坚韧，供制器具。

披风

披在肩上的没有袖子的外衣。

锯齿

锯条上的尖齿或形状、排列如锯齿的动物牙齿或机器的齿。

在公园和果园里

现在，一层柔和而透明的绿雾把树木笼罩起来了，要等到树木开始长叶子，这层绿雾才会消散。

公园里出现了一只漂亮的长吻蛱蝶——褐色的披风，浅蓝色的斑点，翅膀末梢是白色的，像裹上了一层天鹅绒！

我们还看到了另外一种有趣的蝴蝶，样子很像荨麻蛱蝶，但个头儿要比荨麻蛱蝶小一些，颜色也没有那么鲜亮！我们发现，它翅膀上的锯齿很深，像被撕破了似的。

如果你捉一只过来，仔细看看，就会发现在它翅膀的下部，有一个白色的字母“C”，就好像有人故意给它打上了一个记号！其实，这种蝴蝶的学名就叫作"'C'字白蝶"。

七鳃鳗

在我们国家，从列宁格勒到库页岛，在大大小小的河流里，都可以看到一种奇怪的鱼。这种鱼的身子又窄又长，乍一看，你肯定会把它当作一条蛇！更令人惊异的是，它们的鳍不在身体两侧，而是长在背上和靠近尾巴的地方！再有就是它们游水的时候，身子一弯一弯的，更像蛇了！至于它们的嘴，那就更奇怪了！那根本不是鱼嘴，而是一个漏斗形的吸盘！这种鱼就是七鳃鳗。

在农村，人们都管它们叫"七孔鳗"，因为在它眼睛后面的身体两侧，每侧都生有七个呼吸孔，也就是鳃。

七鳃鳗的幼鱼很像泥鳅。孩子们常常用它们充当鱼

惊异

指惊奇诧异。

吸盘

动物的吸附器官，一般呈圆形、中间凹陷的盘状。有吸附、摄食和运动等功能。

鳃

多数水生动物的呼吸器官，用来吸收溶解在水中的氧。

饵，钓那些食肉的大鱼。有时候，七鳃鳗用它那巨大的吸盘，吸附在大鱼的身上，跟着它们在水底旅行。听渔人们说，有时，七鳃鳗还会吸附在水底的石头上，吸住后，就会全身扭动，甚至把石头都搬动了！等把石头搬开后，它们就会把卵产在下面的坑里。所以，人们也叫它们“石吸鳗”。

城市的生活

巡逻
巡查警戒以保安全。

大街上，蝙蝠开始了每夜的巡逻，它们丝毫不理会路上的行人，只顾忙着追捕那些蚊虫和苍蝇。当然，叮人的蚊虫也出来了。

还有燕子，它们也飞回来了。在我们列宁格勒省，一共有三种燕子。一种是家燕，它长着剪刀似的长尾巴，喉部还生有一个火红的斑点。另一种是金腰燕，短尾巴，咽喉上披着一片白羽毛。还有一种是灰沙燕，个子小小的，套着褐色的外衣，但胸脯是白色的。

郊区
城市周围在行政管辖上属这个城市的地区。

家燕的巢大多建在城市郊区的木头房子上；金腰燕的家则安在那些石头房子上；灰沙燕呢？干脆就在悬崖的岩洞里孵小燕子了。

刺耳
形容声音尖利难听。

燕子飞回来许久，雨燕才回来。你很容易把雨燕和那些燕子分开。因为它们从来不会安安静静地待着，总是在房顶上飞来飞去，发出刺耳的尖叫声。另外，它们的翅膀也不像普通燕子那样呈尖角形，而是像一把镰刀一样弯弯地拐下去。

随着涅瓦河开冻，河面上出现了鸥。城市里的吵闹和喧嚣对它们来说算不了什么。它们踱着从容的步子，从河道里捉小鱼吃，要是觉得累了，就飞到铁皮房顶上休息一会儿。

喧嚣
吵闹；喧哗。

飞机带来了有翅膀的乘客

一架飞机从城市上空飞过。可是，谁也想不到，里面坐的竟然是一些长着翅膀的乘客——高加索蜜蜂！它们分乘在200间舒服的客舱里，从库班来到了列宁格勒！

一路上，它们吃喝不愁，因为飞机上早就给它们准备好了充足的“蜜粮”。

库班
库班地区，在高加索以北，库班河流域。

“布 谷”

5月5日清晨，住在郊外公园附近的人们听到了第一声“布谷”！

一个星期后，在一个宁静的晚上，忽然有什么东西在灌木丛中唱起来。那歌声是那么清脆，那么动听。起初，这声音很轻，随后越来越响，最后索性大声啼叫起来，一声高似一声，一声紧似一声。这时候，大伙儿都听明白了：是夜莺在歌唱。

索性
干脆；直截了当。

晴天雪

5月20日，太阳明晃晃地照耀着大地，天空瓦蓝瓦蓝的。可就在这样一个天气，竟然下起雪来！亮晶晶的雪花，像飞舞的萤火虫，在空中翩翩起舞。

> **翩翩起舞**
> 形容轻快地跳起舞来。起，开始。

冬爷爷呀，你吓唬不了人的！谁都知道，雪花的寿命不长了！这就好像夏天的太阳雨一样！这样的雨，只会让蘑菇长得更快！

不信，你就到城外的森林里去走走。说不定，在那一落地就融化的雪花下面，你也许会发现，早春的第一批美味——羊肚菌已经长出来了！

悦读链接

太阳雪

太阳雪是一种自然现象，是指在大晴天的时候出着太阳下着雪。这是一种北方特有的天气现象，如同夏天经常出现的“太阳雨”，这两种现象都是云的形态造成的。“太阳雨”是高云天气引起的，太阳直射云层的下端，可又有冷空气影响，所以出现了晴天下雨的自然现象；而“太阳雪”是由透光性高层云引起的，同样在冷空气的影响下而出现的。这两种现象都有时间短、量不大的特点。太阳雪形成的主要原因还有，高层云不足以遮住太阳，于是出现一边下雪一边出太阳的奇特现象。

悦读必考

1. 写出与下面汉字结构相同的字（至少三个）。

巡逻

____

2. 三种燕子的区别是什么？用文中的句子回答。

____

3. 你制作过昆虫标本吗？如果不会，向老师请教一下吧！自己动手制作一个昆虫标本，把制作过程写下来。

____

锐眼竞赛

问题3

这是一只大白鸟，脖子长长的，翅膀非常靠后，尾巴很短，看不见脚。它是谁？

问题4

第二只和第一只（见116页）很像，只是个头儿小一些，脖子也短一些。颜色是灰色的，它又是谁？

问题5

这只鸟的翅膀向下弯，脚伸到后面，像两根棍子；头和脖子好像一个大问号。它又是什么鸟？

问题6

这只鸟的翅膀长在中间，脖子像根棍子，腿也像根棍子。它是什么鸟？

问题7

这里画的两棵松树，一棵是在密林里长大的，一棵是在旷野里长大的，你能把它们分辨出来吗？

No.3

春季第三月 | 5月21日到6月20日

歌唱舞蹈月

·太阳进入双子宫·

一年：12个月的欢乐诗篇——5月

5月——森林里最快乐的月份——歌唱舞蹈月——开始了！

歌唱舞蹈月开始了！

太阳携着它的光和热，战胜了冬天的寒冷和黑暗，获得了完全的胜利！生命把大地和春水重新夺回，挺直了身躯。现在，春天开始郑重其事地做它的第三项工作：给森林穿衣裳。

郑重其事

形容说话做事时态度非常严肃认真。

铰链

又称合页，是用来连接两个固体并允许两者之间做转动的机械装置。

那些高大的树木都披上了亮闪闪的绿衣裳，那是用最鲜嫩的新树叶做成的！

无数长着翅膀的昆虫在空中飞舞。一到黄昏，夜里也不睡觉的蚊母鸟和行动迅速的蝙蝠就会飞出来，捕食它们。白天，家燕和雨燕在空中飞翔，鹰隼和大雕在森林上空盘旋；茶隼和云雀在田野上空抖动着翅膀，就好像有一根线将它们吊在了云朵上。没有铰链的大门打开了，金翅膀的蜜蜂从里面飞了出来。

大家都在唱歌，都在舞

蹈，都在做游戏。琴鸡在地上、野鸭在水里、啄木鸟在树上……现在，用诗人的话来说就是：“在我们国家，每一只鸟、每一只兽都很快乐！”

悦读链接

蚊母鸟

蚊母鸟是夜鹰科夜鹰属的代表鸟类，大小介于燕子与鹰隼之间。生活习性就像猫头鹰，白天休息，晚间才出来活动。蚊母鸟的叫声十分单调，只会“丫丫”地叫，往往一连要叫几十声才停，所以欧洲人一般称它们为“夜的噪杂者”。而古代中国人则称它们为蚊母鸟或吐蚊鸟，传说它们出现的地方往往有很多蚊子，一些古书上甚至说它们能口吐蚊子。真实情况却恰恰相反，蚊母鸟在夏夜专门往水洼草丛这样蚊子多的地方飞，正因为它们以蚊子为食，在蚊子多的地方，它们可以饱餐一顿。

悦读必考

1. 写出下面句子中画线词语的反义词。

太阳携着它的光和热，战胜了冬天的寒冷和黑暗，获得了完全的胜利！

____

____

2. 选出下列动物中不同类的一项（　　）

A. 蚊母鸟　　B. 蝙蝠　　C. 家燕　　D. 雨燕

3. 摘抄一段描写春天动物活动的句子。

____

____

森林大事典

森林乐队

在这个月，所有的鸟都开始唱歌。不管是白天还是黑夜，到处都有婉转的莺啼。孩子们都觉得奇怪，它们什么时候睡觉呢？其实啊，在春天，鸟儿是没工夫睡大觉的！它们每次只睡短短的一小会儿，然后就接着唱。唱一阵儿，打个盹儿；醒来后，再唱一场。

婉转
声音动听。也形容言辞委婉含蓄。

到了清晨或是黄昏，这个队伍会更加庞大。不光是鸟儿,森林里所有的动物都加入进来。它们各唱各的曲儿，各拉各的调儿，各用各的乐器，各有各的唱法。

燕雀、莺、鸫鸟展开歌喉，用清脆、纯净的声音独唱；甲虫和蚱蜢拍动翅膀，吱吱嘎嘎地拉着提琴；黄鸟和小巧的白眉鸫,尖声尖气地吹着笛子。狐狸和白山鹑叫着、牡鹿咳嗽着、狼嗥叫着、猫头鹰哼哼着、丸花蜂和蜜蜂“嗡嗡”地响着。青蛙“咕噜咕噜”地吵一阵儿,又“呱呱呱”地叫一通。就是那些没有一副好歌喉的动物，也不觉得

鸫鸟
中小型鸣禽，叫声清脆。

嗥叫
形容动物大声嚎叫，多指野兽。

难为情。它们总能按照自己的喜好来选择合适的乐器。

啄木鸟寻找着能发出响亮声音的枯树枝，这就是它们的鼓。它们那结实的长嘴巴，就是顶好的鼓槌。天牛扭动着脖子，发出“咯吱咯吱”的响声，那样子活像在拉小提琴。火红的麻鹈，把它们那长长的嘴巴伸到水里，“咕噜咕噜”地吹着，好像牛儿在吼叫。沙锥更是异想天开，竟然用尾巴唱起歌来！你看它一个腾身冲入云霄，然后张开尾巴，头朝下俯冲下来。它的尾巴兜着风，发出“咩咩”的声音，就好像羊羔飞上了半空！

异想天开

形容想法离奇，不切实际。

来到地面的客人

在乔木和灌木底下，距离地面很低的地方，金星一样的顶冰花已经开过了。这些花朵刚出现的时候，森林还是光秃秃的，春天的阳光还没有被树叶遮住，可以一直照射到地面上。就在这春日的阳光下，顶冰花开了。它旁边还有紫堇，也开了。

乔木

指树身高大的树木，由根部发生独立的主干，树干和树冠有明显区分。

多么奇妙的小花儿呀！一束一束开在茎的尖端。

可现在，顶冰花和紫堇花的时代已经过去了。浓密的树荫遮住了太阳，妨碍了它们的生存。不过，这也没什么关系，反正它们早就做好了回家的准备。

妨碍

指干扰、阻碍，使事情不能顺利进行。

这些花儿，它们的家都在地下的世界里。它们到地面上来，只是做客罢了。

田野里的声音

我和一个伙伴准备去田里除草。这时，我们听到草丛里传来鹌鹑的叫声："去除草，去除草！"我告诉它："我们就是去除草呀！"可是，它还是一个劲儿地叫着："去除草！去除草！"

我们走过一个池塘。池塘里，两只青蛙从水中探出头来，鼓动着耳后的鼓膜，大声叫着："傻瓜！傻瓜！"我们来到田边。几只田凫舞动着圆圆的翅膀，问我们："是谁，是谁？"

我们告诉它们："我们是从古拉斯诺亚尔斯克村来的。"

热闹的水下世界

以前，曾经有人把记录着水底声音的录音带，用收音机播了出来。于是，人们得以听到了许多以前没有听到过的声音：喑哑的啾啾声、嘎吱嘎吱的尖叫声、独特的咯咯声、震耳欲聋的唧唧声。后来，人们才知道，那是各种各样的鱼发出的声音。

震耳欲聋

形容声音很大，耳朵就像快被震聋了一样。欲，快要、像要。

在屋檐下

花朵里最娇弱的东西就是花粉了。无论是雨水还是露水，都会伤害到它们。那么，花粉是怎样保护自己不受伤害的呢？

铃兰、覆盆子和蔓越橘的小花儿，样子就像一个个小铃铛倒挂在那里。所以，它们的花粉是藏在屋檐下的。

金梅草的花是朝天开的。可是，它的每一片花瓣，都像勺子似的向里弯曲，一层压着一层，形成一个蓬松的、没有缝隙的小球。花粉躲在这里面，安全极了。

凤仙花还没有绽放。现在，它的每一个花蕾都躲在叶子底下。

至于野蔷薇和荷花，下雨时，它们就会把花瓣闭拢起来，花粉当然也就淋不着了。

> 金梅草
> 学名短瓣金莲花，毛茛目毛茛科草本植物。

森林之夜

一位森林通讯员写信告诉我们说：“我夜里到森林里去，听到了各种各样的声音。可那些声音是谁发出来的，我却不知道。”

我们告诉他：“请把你听到的声音都描绘出来，我们会弄明白的。”

后来，他给我们寄来了这样一封信：

> 通讯员
> 通讯社、报社、电台、电视台、网络媒体等新闻出版单位聘请的非专职新闻工作人员。任务是经常为其反映情况、提供线索、撰写通讯报道等。

夜深了，森林逐渐安静下来。突然，从什么地方传来一阵低沉的琴声。起初，这声音很小，后来越来越响，汇成了一曲宏大的交响乐。过了好久，这声音才渐渐低下来。可它还没有完全消失，林子里又传出一阵狂笑："哈哈哈……"这声音实在太可怕了！就像是有一群蚂蚁从我的背上爬过去。

一会儿，又静了下来。我想："不会再有什么声音了吧？"可我的念头还没有落下，就听见好像有谁在给留声机上发条："特尔尔，特尔尔……"好不容易，发条上好了，现在该上唱片了吧？

突然，有谁拍起巴掌，拍得那么响亮。

"这是怎么回事？还没开始演唱，怎么就鼓起掌来了？"

我听到的就是这些声音。乱七八糟的，我一生气，就回家了。

交响乐

也称交响曲，是一种由管弦乐队演奏的、具有奏鸣曲体裁特点的大型器乐套曲，是交响音乐中最重要的一种体裁。

发条

发动机器的一种装置，卷紧片状钢条，利用其弹力逐渐松开时产生动力。

我们告诉通讯员，他不应该生气。

他起初听到的，那个弹低音琴的，应该是金龟子。

而那哈哈大笑的，是猫头鹰。它的声音真的很难听，可你拿它有什么办法?

至于给留声机上发条的，是蚊母鸟。它当然不会有什么留声机，那声音是从它的喉咙里发出来的，它把这当成唱歌。

拍巴掌的也是蚊母鸟。它拍的也不是手，而是翅膀。

它们为什么要这么做呢？我们可没法儿解释，也许是因为高兴，拍着玩儿的吧。

低音琴

擦奏弦鸣乐器。又称倍大提琴。提琴家族中体积最大、发音最低的弓弦乐器。

游戏和舞蹈

灰鹤在沼泽地上开起舞会。它们围成一圈，中间只留下一两只。起初，它们只是做一些热身动作，用两条长腿不紧不慢地踱着步子。渐渐地，它们越来越起劲了，到最后索性大跳、特跳起来。那些奇奇怪怪的步子，简直能把人逗死！什么转圈呀、蹿高呀，甚至还有半蹲，活像踩着高跷跳俄罗斯舞！

这时，空中舞会也开始了，主角是那些猛禽，其中最出色的就数游隼了。它们扇动着巨大的翅膀，一直飞到了白云边，在那儿回旋、舞蹈。有时候，它们会突然把翅膀收起来，头朝下从半空中俯冲下来，眼看快到地面了，这才把翅膀张开，打个大盘旋，又向上飞去。有

热身

指在运动之前，用短时间低强度的动作活动一番，使身体能逐渐适应即将面临的较激烈的运动，来减少运动伤害的发生。

游隼

中型猛禽，飞行迅速，性情凶猛，叫声尖锐。主要捕食野鸭、鸥、乌鸦等小型鸟类，也敢攻击金雕、矛隼等大型猛禽。

时候，它们又像得了什么怪病，张着翅膀停在半空中，一动也不动，就好像有一根线将它们挂在了云彩上。还有的时候，它们干脆翻起跟头来。从半空中一路向下，直到快贴到地面了，才一个转身，飞上高空。

最后一批返乡的鸟

现在，草地上盛开着鲜花，乔木和灌木都长满了新叶，最后一批在南方过冬的鸟飞回来了。正像我们预料的那样，它们都穿着最华丽的衣裳。

预料

事前推测、料想，也指事前做出的推测。

在彼得宫里的小河边，我们看到了翠鸟。它们穿着翠绿、浅棕和淡蓝三色相间的“大礼服”，刚从埃及飞回来。

在丛林里，我们还看到了黑翅膀的金莺，它们是从南非回来的。现在，它们正忙着开第一场音乐会。

躲在灌木丛中的是蓝胸脯的小川驹鸟，在沼泽地里栖息的是金黄色的黄鹡鸰。

还有长着粉红色胸脯的伯劳、戴着蓬松的羽毛领子的五彩流苏鹬和穿着蓝绿色大衣的佛法僧鸟，它们也都回来了。

当然，还有那些长着大翅膀的怪家伙——秧鸡，它们也从非洲走回来了。走回来了？是啊！因为秧鸡飞起来很困难，即使好不容易飞上天空，速度也很慢，很容易成为游隼和鹞鹰的食物。不过，它们跑起来却非常快，而且很会隐藏自己。所以，它们就选择徒步回家了。

现在，它们就藏在茂密的草丛中，“克列克、克列克”地叫着。有时候，这叫声一整夜都不停。不过，

徒步

步行。

茂密

茂盛而繁密。

要是你想把它们从草丛中撵出来，看看它们是什么样的，那可办不到！

“流泪”的白桦树

在森林里，谁都是快快乐乐的，只有白桦树在掉眼泪。炙热的阳光下，白桦树的汁液在它的树干里越流越快，最后竟然从树皮上的小孔里流了出来！这种汁液非常好喝，人喝了有益于身体健康。所以，每到这个季节，人们就会割开白桦树的树皮，让它的汁液流到瓶子里，然后当成饮料来喝。不过，如果白桦树流出了大量的汁液，它就会干枯、死掉。

炙热

像火烤一样的热，形容极热。

松鼠开荤

松鼠吃了一个冬天的素，现在，到了它开荤的时候了。因为很多鸟已经生下了蛋，还有的甚至已经孵出了小鸟。它们都是松鼠最可口的点心。在破坏鸟巢这种事情上，松鼠是不会输给任何一个猛禽的。

去找浆果吧

现在，浆果已经熟了。在向阳的地方，你可以看到草莓那红色的浆果。它们那么香甜、可口，即使很久以后，你也不会忘记它的味道。

> 桑悬钩子
> 蔷薇科悬钩子属植物。

覆盆子和桑悬钩子也熟了。覆盆子的枝上挂满了浆果。桑悬钩子却小气多了，一根茎上只有一个浆果，而且还不是所有的桑悬钩子都有浆果，有些只开花，不结果。

保卫家园

一天晚上，大概8点钟，我发现我家花园里飞来一对斑鹟，落在白桦树旁的屋顶上。在白桦树上，有我挂的一个人造鸟巢。

不一会儿，雄斑鹟飞走了，只剩下了雌斑鹟。它飞到鸟巢上，不过没有进去。过了两天，我又看到了雄斑鹟，它钻到鸟巢里去了。看来，它们已经在这儿安家了。

> 安家
> 在某处落户。

又过了好几天。一天早上，我看到一只麻雀飞进了斑鹟的家。我赶忙跑过去，用棍子敲打起树干。麻雀钻了出来，飞走了。不一会儿，雌斑鹟从巢里钻出来，围着巢飞个不停，边飞边叫，那叫声听起来非常惊慌。我爬到巢边瞧了瞧，发现雄斑鹟浑身的羽毛乱作一团，看起来很虚弱。另外，在巢里，我还发现了两个蛋。

于是，我轻轻地捉住它，带回屋里，抓了些苍蝇给它吃。

直到晚上，我才把它送回鸟巢。七天后，我又爬到鸟巢边，一股腐烂的气味冲进了我的鼻孔！雌斑鹟正在巢里孵蛋。雄斑鹟躺在它的旁边，已经死去了！不知道是麻雀又来过，还是那天晚上我把它送回来后，它就死掉了。还好，令人欣慰的是，雌斑鹟最后到底把小鸟孵出来了。

悦读链接

鸠占鹊巢

“鸠占鹊巢”这个成语出自《诗经·召南·鹊巢》，“维鹊有巢，维鸠居之”。本来是指女子出嫁，定居于夫家。后来，用来比喻强占他人的住处。

其实，很多鸟类都喜欢不劳而获，抢夺其他鸟类的巢穴，并不限于某一种。例如，麻雀就经常霸占燕子的窝。每年春天，燕子回巢的时候，为了夺回自己的家，往往不得不和麻雀大打出手。

鹊巢鸠占，这句成语说的“鹊”，其实不是喜鹊，而是指各种体型较小的鸟类。“鸠”也不是斑鸠，而是指杜鹃（布谷鸟）——“鸠”是布谷鸟的中文别称。杜鹃对其他鸟类的剥削更加彻底，它们有巢寄生的习性——不筑巢，也不孵卵，而是每到产卵季节，就把卵偷偷产在别的正在孵化的鸟的窝里，让这些鸟儿代它孵卵育雏。

悦读必考

1. 按照拼音写词语。

dǎ dǔn　　yù liào　　luàn qī bā zāo

（　　）　（　　）　（　　　　）

2. 沙锥像羊一样的叫声是用什么发出来的？

______

______

______

3. 什么鸟儿最后一批飞到“我们”这里来？

______

______

______

农庄新闻

在集体农庄里

现在，有很多事情等待集体农庄的庄员们去做：等播完种后，马上就得把粪和化肥运到田里去，准备今年的秋播地。

紧接着，就是忙菜园里的工作：首先是栽马铃薯，接着是胡萝卜、黄瓜、芜菁和甘蓝。

就是孩子们，也不能闲着。田里、菜园里、果园里，都需要他们帮忙：帮大人给果树剪枝、除草，拔用来做汤的嫩荨麻，用钓竿钓小鲤鱼、鲈鱼、鳜鱼等。到了晚上，他们也不会很早回家，还要撒网捕捞各种鱼。

芜菁

别名大头菜，芸薹属芸薹种芜菁亚种，能形成肉质根的二年生草本植物。肥大肉质根供食用，肉质根柔嫩、致密，供炒食、煮食。

篝火

泛指一般在郊外地方，通过累积木材或树枝搭好的木堆或高台点燃的火堆。

夜里，孩子们在岸边下了网，然后坐在篝火旁，等待河里的龙虾自己进到网里。在等待的这段时间，他们会坐在一起讲故事,即使有人讲鬼故事,也没人会害怕和紧张。

不单是人，连动物也忙碌起来。早上，已经听不到灰山鹑的叫声了——它们的宝宝要出生了。雌山鹑整天待在巢里孵蛋，雄山鹑则守在旁边，也一声不吭。它怎么敢出声呢？到处都是坏家伙。狐狸、老鹰，它们可都是捣毁巢的能手啊！

风是个好帮手

投诉

投状诉告。

养分

有营养的物质或化合物。

农庄的突击队员收到一封从亚麻田里寄来的“投诉书”。小亚麻抱怨说，田里出现了杂草，抢走了它们的养分。集体农庄马上派出了一批女庄员，去帮助小亚麻。

她们脱掉鞋子，小心翼翼地走到亚麻田里。她们总是顶着风走，可尽管这样，亚麻还是弯下腰去。

这时，风来帮忙了，它迎面吹过来，小亚麻就都站起来了！

绵羊脱衣服了

在红星集体农庄里，十多位有着丰富经验的剪羊毛工人，正拿着电推子，给绵羊剪毛。不一会儿，所有的绵羊都脱掉了厚厚的大衣，好像掉了一层皮似的。

妈妈在哪儿呢

牧羊人把剪完毛的绵羊送回羊圈。谁知，小绵羊们都不认识自己的妈妈了！它们“咩咩”地叫着，那声音听起来悲悲切切的，好像在说：“我们的妈妈呢？它们在哪儿呀？”于是，牧羊人便将小绵羊挨个送到它们的妈妈身边，这才回到理发室为下一批绵羊剪毛。

挨个

指一个接着一个地，逐个、顺次。

不断壮大

集体农庄的牲口越来越多了。就昨天一夜的工夫，小河村的小家畜饲养家们的牲口群，就扩大了4倍！从前只有一只山羊，现在变成了4只。因为山羊妈妈生下了3只小羊！

在农庄里

果园里，草莓已经开过花儿了；昨天，梨树的花蕾

也绽放了。再过一两天，苹果树也要开花了。

> 绽放
> 形容花开时由花蕾花瓣紧闭到展开的样子。绽，裂。

菜园里，番茄秧已经从温室搬到了池塘边。黄瓜秧也搬家了，搬到了番茄的隔壁。

一起来帮忙

一提起和农业相关的昆虫，我们立刻想起，还有很多六只脚的“小朋友”，正在田里为我们干活儿。它们是蜜蜂、蝴蝶、丸花蜂、甲虫。现在，无论是黑麦、荞麦、大麻，还是苜蓿、向日葵，从一朵花到另一朵花，到处都有它们的身影。它们正忙着为这些花授粉呢。

不过，有时候，这些小劳动者的力量还是不够，不能让所有的花都得到花粉。这时，就需要我们帮忙了。我们拿来一条绳子，每人拉着一头，从开花植物的梢头上扫过去。这样，花粉就被扫下来了，随着风飘散到了田里。

> 飘散
> 向四处飘动；飞散。

悦读链接

甲　虫

甲虫是鞘翅目昆虫的统称，主要特征就是那又厚又硬的甲壳。它们柔韧的翅膀就藏在甲壳之下，所以生物学上称它们的甲壳为翅鞘，是由前翅进化而来的。

早在恐龙时代，甲虫就已经出现了，它们可比它们今天的后辈们大多了，体长（不包括犄角）能达到三四米。

甲虫是昆虫中最大的一个目，分布范围遍及全球，高山、平原、河川、沼泽、土壤里，都有它们的踪迹。

悦读必考

1. 猜谜语。

身穿大皮袄，野草吃个饱，过了严冬天，献出一身毛。

谜底是（　　　　）。

2. 指出下列句子中的农业行为。

（1）小亚麻抱怨说，田里出现了杂草，抢走了它们的养分。集体农庄马上派出了一批女庄员，去帮助小亚麻。（　　）

（2）不一会儿，所有的绵羊都脱掉了厚厚的大衣，好像掉了一层皮似的。（　　）

（3）还有很多六只脚的“小朋友”，正在田里为我们干活儿。（　　）

麋鹿

世界珍稀动物，属于鹿科。因为其头脸像马、角像鹿、颈像骆驼、尾像驴，因此又名“四不像”。

城市新闻

城里的麋鹿

5月31日清晨，有人在列宁格勒梅奇尼科夫医院附近，看到了一只麋鹿。最近几年，人们已经不止一次看见它们在列宁格勒出现了。大家猜想，它们是从符谢沃罗德区的森林里来的。

会说话的鸟

一位读者告诉我们说：早晨，我正在公园里散步。忽然，灌木丛里，不知是谁用哨子问我："看见特利希卡了吗？"

那声音很大。可是，我往周围瞧了瞧，一个人也没有。只有一只浑身通红的小鸟，站在灌木丛上。我仔细打量了它一番，心想："这是什么鸟啊？叫得这么清楚，好像人说话一样？"这时，它又叫了起来："特利希卡，薇吉尔？"于是，我朝前迈了一步，想问个仔细。谁知，它却拍着翅膀，飞到灌木丛中不见了。

打量

观察（人的衣着外貌）。

这位读者看到的小鸟，名字叫作红雀。它的叫声很大，听起来真的像是在问什么。只不过，每个人都是按照自己听到的声音翻译它说的话的，有的是"特利希卡"，也有的是"格力西卡"。

深海来客

胡瓜鱼

又叫多春鱼、毛鳞鱼。这种鱼肚子里一年四季都有鱼子，身上有一种鲜黄瓜般的味道，因此而得名。

这些天，从芬兰湾游来了大批大批的胡瓜鱼，它们是来涅瓦河产卵的。等它们产完卵后，才会再回到海里去。

我们这儿很多鱼都是在河里产卵，然后再回到大海里。只有一种鱼是产在深海里，然后再游到河里来生活，这种奇怪的鱼就是小扁鱼。

你是不是没有听说过这种鱼呢？这很正常，因为它们只有在小时候才叫这个名字。那时候，它们小小的、扁扁的，就像一片叶子。浑身都是透明的，连肚子里的肠胃都看得清清楚楚。不过，等它长大了，就完全变成另外一个样子了，就像是一条蛇。那时候，大家才想起它真正的名字——鳗鱼。

现在，它们都长大了，成群结队地从幽深的大西洋游到了涅瓦河，开始了它们在这里的生活。

试 飞

一年的这个时候，如果你正走在公园里、大街上或是林荫道上，你可要小心了，因为经常有小乌鸦或小椋鸟从树上掉下来！现在它们刚从巢里出来，开始学飞呢！

夜里的叫声

最近几天，每到夜里，住在郊区的人们就会听到一种断断续续的叫声："佛喊——佛喊！"起初，只有一条沟里传出这种声音，紧接着，另一条沟里也传来同样的声音。原来，这是黑水鸡，它们和秧鸡一样，也徒步穿过欧洲，回到我们这儿来了。

断断续续

时断时续地接连下去。

黑水鸡

秧鸡科鸟类的一种。通体黑褐色，嘴黄色，嘴与额甲红色。

活的云

今天是6月11日，许多人来到涅瓦河畔散步。天气很热，空中一丝云也没有，炙热的阳光把人烤得连气都喘不过来了。

忽然，在宽宽的河边，浮起来一大片灰色的云彩，所有的人都停住了脚步。只见这片云飞得很低，紧贴着水面。随着距离越来越近，它也越变越大，直到把散步的人都围了起来。

这时，人们才看清楚，这不是云，而是一大群密密匝匝的蜻蜓。它们忽扇着翅膀，带来一阵阵凉风。人们兴高采烈地望着这些风的使者，阳光透过它们彩色的翅膀，形成一道七色彩虹。

它们就这样飞着，飞着，一直飞到河对岸的屋顶后面，终于看不见了。

坐火车来的小兽

浣熊

原产自北美洲，最显著的特征是眼睛周围有一圈深色皮毛。浣熊喜欢住在水边，特别爱干净，进食之前总要把食物在水里浣洗一下，因此而得名。

最近几天，在列宁格勒叶菲莫夫和邻近几个区的森林里，猎人们经常会看到一种小兽，它们的个头儿和狐狸差不多，名字叫作浣熊狗，也叫浣熊。

它们怎么会来到这里呢？告诉你吧，它们是10年前坐火车来的。当时一共运来了50只浣熊狗，10年工夫，它们已经繁殖了大批后代。现在，已经允许猎人们猎取它们了。

欧　鼹

很多人都以为欧鼹是啮齿类动物，就像那些老鼠一样，住在地底下，吃植物的根。其实，这是对欧鼹的误解，因为它们根本不是鼠类。并且它们也不会危害植物，而是以金龟子等昆虫为食，是一种对我们非常有益的动物。

不过，有时欧鼹也会在人家的菜园或是花园里挖洞，破坏了花或者蔬菜。这时，你可以用一根长杆子插在地上，再在上面安一个小风车。这样，风一吹，风车就会转动，长杆子也会跟着抖动起来，带动下面的土地也一起发颤。欧鼹的洞里嗡嗡作响，这时欧鼹就会离开了。

啮齿类动物

哺乳动物中的一目，其特征为上颌和下颌各有两颗会持续生长的门牙，啮齿目动物必须通过啃咬来不断磨短这两对门牙。哺乳动物中百分之四十的物种都属于啮齿目，而且在除了南极洲的其他所有大陆上都可以找到其大量的踪迹。

蝙蝠的特异功能

以前，人们并不了解蝙蝠为什么能在漆黑的夜里飞行，却不会迷路。后来，科学家们做了

这样一个实验：将蝙蝠的眼睛蒙上，再把它们的鼻子堵起来。可是，它们照样能飞得好好儿的，就连拴在屋子里的细线也能灵活地躲开。

可是，当人们把它们的耳朵堵起来的时候，它们却变成了“瞎子”。于是，科学家们这才确认，蝙蝠是靠耳朵飞行的。它们在飞的时候，嘴里会发出一种人的耳朵听不见的尖细的叫声，人们把这种叫声称为超声波。这种声波无论碰到什么障碍都会反射回蝙蝠的耳朵，蝙蝠就是靠着这个“探测器”前进的。

实验

为了检验某种科学理论或假设而进行某种操作或从事某种活动。

超声波

超声波是一种频率高于20000赫兹的声波，它的方向性好，穿透能力强，易于获得较集中的声能。

悦读链接

麋　鹿

麋鹿是我们中国特有的珍稀动物，原产于中国长江中下游沼泽地带，以青草和水草为食物。因为它的头部和脸部看起来像马，雄性角多分叉像鹿，颈部像是骆驼，而尾部又像是驴，以此而得名为“四不像”。

麋鹿最明显的特征就是它们那长长的尾巴，最长可达50厘米，一直拖到接近地面的脚踝部位。麋鹿经常用尾巴驱赶蚊蝇，以此适应它们生活的潮湿的沼泽环境。

悦读必考

1. 给下列拼音标注声调。

mi lu　　fan yi　　he pan　　nie chi
麋鹿　　翻译　　河畔　　啮齿

2. 蝙蝠为什么能在漆黑的夜里飞行，却不会迷路？

______

______

3. 人们仿照蝙蝠利用回声定位的原理发明了雷达，你知道还有什么东西的发明是从动物身上获得灵感的吗？把这样东西和它的原理给大家介绍一下。

______

______

狩　猎

“猎　鱼”

我们的国家疆域辽阔。在列宁格勒，春天打猎的季节早就过去了，可在北方，河水刚刚泛滥，正是打猎的好时候。所以，这个时候，很多猎人都赶到北方去打猎。

天空中布满了乌云，黑漆漆的夜伸手不见五指。我和塞索伊奇划着小船，在林中的小河里缓缓前进。塞索

疆域
指领土的范围或面积。

伸手不见五指
形容光线非常暗，看不见四周事物的情况。

伊奇是个出色的猎人，能打各种飞禽走兽。不过他不喜欢捕鱼，甚至有些瞧不起钓鱼的人。所以，今天我们虽然也是去捕鱼，可他却一口咬定他是去“猎鱼”的。

不久，小船穿过小河，来到广阔的泛滥地区。周围尽是灌木，望过去黑乎乎的一片。不过，再往前就是森林了，看上去，就像一堵黑沉沉的墙。夏天，在这条小河和森林之间，有一条窄窄的水道，穿过去就可以进入湖泊。可是现在，水很深，用不着经过这条水道，小船就可以自由地在灌木丛中穿行。

在小船的船头有一块铁板，上面堆满了枯枝。塞索伊奇点燃了船头的枯树枝，红红的火光照亮了周围的水面，也照亮了光秃秃的灌木丛。

现在，我们可没工夫四处张望，我们只是注视着下面被火光照亮了的水的深处。我轻轻地划着桨，小船静静地前进着。我们已经来到了大湖，在我的眼前，出现了一个奇幻的世界。

湖面上一片昏暗，火光只能照到水下两米深的地方。无数巨人隐藏在湖底，只露出头顶，乱蓬蓬的长发无声无息地漂动，是水藻还是水草呢？

我正在胡思乱想，一个银色的小球突然从水里浮上来。它上升得很快，眼看就要冲出水面，碰到我的眼睛了，我不由得缩了一下头。就在这时，它冒出水面，炸开了，原来只是个普通的沼气泡。

奇幻

指奇异而虚幻，不真实的。

无声无息

一点声音也没有，没有气息。也比喻没有名声，不被人知道。

沼气

一种可燃性气体。

现在的我，感觉就像坐在飞艇上，在一个陌生的星球飞行。

好些岛屿从我们身边溜过，上面长满茂密的树木。许多黑黑的触须从水里伸出来，好像怪物的手臂，到底是什么呀！我又仔细看了看，原来是一棵淹没在水里的树。那些触须是它交错的树根。

交错

交叉错杂。

这时，塞索伊奇从船头站起来，左手举起了鱼叉。他的脸被火光照得通红，我看到他转过头，朝我做了个鬼脸。于是，我便把小船停住了。

塞索伊奇小心翼翼地把鱼叉伸到水里，顺着他的视线，我看见水深处有个笔直的黑长条儿。起初我以为那是根棍子，后来才瞧清楚，

原来是条大鱼的脊背。塞索伊奇把鱼叉斜对着那条鱼，慢慢地向更深处伸去。突然，他猛地一戳，鱼叉刺进了那鱼的脊背。湖水翻腾起来，塞索伊奇拽回鱼叉，上面扎着条大鲤鱼，足足有两千克，还在不停地挣扎呢！塞索伊奇把它弄下来，扔到船里。

小船继续前进，水底世界的迷人景色，一幕一幕从我的眼前浮过。塞索伊奇已经“猎”到了好几条大鱼，我还舍不得把视线从眼前的美景上移开。

黑夜快过去的时候，我们来到了田里。一根根烧得通红的树枝掉在水里，“嘶嘶”地响着。偶尔可以听见野鸭扑打翅膀的声音。一只小猫头鹰躲在黑黝黝的树枝深处，不停地叫着，好像在告诉人们：“我要睡觉，我要睡觉！”

饶有兴趣

一般是指很有兴趣地看着一样物体或事物。饶：很；特别。

我正饶有兴趣地看着这些，塞索伊奇忽然低声叫起来：“停——梭鱼——停！”

我让小船停下来。塞索伊奇举起鱼叉，仔细地瞄了半天，这才猛地插了下去！

“它足足有 7 千克！”塞索伊奇好不容易才把它拖上船，兴奋得声音都有些发抖。

这时候，天已经亮了，凉爽的晨风很快驱散了薄雾。“好了！”塞索伊奇高兴地说，“现在我来划船，你开枪。”于是，我们调换了位置。“拿好枪，可别错过机会！”塞索伊奇嘱咐我。

小船来到了一片桦树林边，我们沿着林边慢慢地划着。远远望去，整个树林好像都笼罩在一片轻轻的绿色薄雾中。

一片光秃秃的树枝上，栖息着一群琴鸡。在明亮的晨光中，它们那黑色的尾巴、淡黄色的羽毛，显得分外明显。

栖息

歇息。

我们已经离它们很近了，塞索伊奇小心地划着船。那群琴鸡转过脑袋看着我们，它们一定在奇怪：这漂在水上的是什么东西，有没有危险呀？

鸟的思想很迟钝，现在，我们距离最近的那只琴鸡只有 50 步远了。我端起了枪，那个家伙却还在东张西望，细细的树枝都被它压弯了。我开枪了！随着“砰”的一声枪响，它掉进水里，溅起了一片水花。剩下的那些家伙慌了，急急忙忙张开翅膀飞走了。

迟钝

（感官、思想、行动等）反应慢，不灵敏。

“一大早就捞到这么一只大家伙，收获不错！”塞索伊奇对我说。

我们捞起那只湿淋淋的琴鸡，不慌不忙地往回划去。太

阳已经升到了树林上空。一群群燕雀从空中掠过，发出欢快的鸣叫。

燕雀

小型鸟类，体长14~17厘米。嘴粗壮而尖，呈圆锥状。主要以草籽、果食、种子等植物性食物为食。

小牛的诱惑

熊经常在我们这一带胡闹。不是这个农场的小牛被咬死了，就是那个农场丢了一匹小马！

为了对付这个坏家伙，集体农庄的庄员们召开了大会。会上，塞索伊奇说："我们不能眼看着熊再祸害我们的牲口了，应该想想办法！嘉弗里奇的小牛不是死了吗？把它交给我，我用它当诱饵，把熊骗来，到时候再好好儿收拾它！"

诱饵

指捕捉动物时用来引诱它们的食物。泛指用以引人上钩的事物。

塞索伊奇是我们这里最出色的猎人，大家都信任他。于是，集体农庄便把嘉弗里奇的小牛交给了

他。塞索伊奇把小牛装到大车上，运到树林里，放到了一块空地上。

对于打猎的事，塞索伊奇可是个大行家。他用桦树枝在小牛的周围做了一道矮栅栏，然后又在大概20步远的地方找了两棵大树，在上面搭了个棚子，离地大约有两米高。通常，猎人们夜里就守在这个棚子里，等野兽来。可奇怪的是，做完这一切，塞索伊奇却转身回家去了。

行家

对某种事务非常内行或精通的人。

一个星期过去了，塞索伊奇一天也没在棚子里过过夜，只是每天早上腾出点儿时间，到木栅栏那儿转上一圈。

农庄的庄员们坐不住了。那些小伙子也开始挤眉弄眼地取笑他。“塞索伊奇，怎么着？睡在自己家的热炕上，是不是做梦也香甜一些呢？”

挤眉弄眼

用眉毛和眼睛传情与示意，多用于贬义。

可塞索伊奇却说：“贼不来，我有什么办法啊？”

“可小牛已经发臭了啊！”又有人说。

“那才好呢！”塞索伊奇回答。

这样一来，人们都不知道该怎么办了。

其实，塞索伊奇自有他的主意。他知道，那只熊绕着牲口圈打转儿已经不是一天两天了，因为在栅栏周围，他发现了很多熊的脚印。不过，这熊还没有动那小牛，这说明它还不饿。塞索伊奇知道，熊是等小牛发出更厉害的臭味，再来享用。这家伙就是这样，喜欢吃腐臭的东西！

厉害

猛烈；剧烈。表示程度很高。

这一天，塞索伊奇又来到栅栏周围，他看到小牛身上少了一块肉！于是，当天晚上，塞索伊奇带着猎枪爬进了树上的小棚子。

悄无声息

静悄悄的，听不到任何声音。指非常寂静。悄，静。

夜静悄悄的，只有猫头鹰扇动翅膀，悄无声息地飞过，它在搜索躲在草丛里的野鼠。还有兔子，它在“咔嚓咔嚓”地啃白杨树的树皮。塞索伊奇蹲在棚子里，微微闭着眼睛。忽然，有什么东西“咔嚓”一响，塞索伊奇打了个冷战，立即睁开了眼睛！借着微微的夜光，他清楚地看到，一只灰黑色的熊，正趴在小牛的尸体上，大口大口地享受着猎人为它备下的美餐。

“别着急，我还有更好的东西款待你呢！”塞索伊奇看着熊，暗暗嘀咕着。

接着，他端起枪，瞄准了熊的肩胛骨，只听“轰隆”一声枪响，整个林子都被震醒了！兔子从地上跳起来，飞快地逃进草丛；野鼠溜进了地洞；猫头鹰也悄悄地躲到了大云杉的黑影里。

不一会儿，林子里又静了下来。塞索伊奇爬下棚子，不慌不忙地朝家里走去。

第二天一大早，集体农庄的人们都起来了。塞索伊奇对他们说：“喂，小伙子们，套上大车，去林子里拉熊吧！以后，它可伤不了咱们的牲口了！”

肩胛骨

人体胸背部最上部外侧的骨头，左右各一，略作三角形。肩胛骨、锁骨和肱骨构成肩关节。也叫胛骨、琵琶骨。

悦读链接

鸟类也夜盲

有些人在夜里看不见东西，我们称这种疾病为夜盲症。人得了夜盲症，可以求助于医生进行治疗，但动物的夜盲症是没治的，因为它们是先天性夜盲，属于基因疾病，是无药可治的。

最典型的夜盲动物莫过于麻雀，所以夜盲症也有“雀盲眼”的别称。利用这些鸟类的夜盲症，很多猎人在夜间捕猎鸟类。

鸟类中也有在白天看不见东西的。少数枭、隼类鸟类（比如猫头鹰）只有视杆细胞，所以一般它们只在夜间活动。

悦读必考

1. 塞索伊奇为什么称自己是在“猎鱼”？

____

____

2. 塞索伊奇用什么当作猎熊的诱饵？

____

____

3. 说一说你心目中的猎人形象应该是什么样子的。

____

____

锐眼竞赛

问题8

怎么辨别浮在水面上的野鸭和矶凫？

图1　　图2

问题9

我们这里有两种兔子：灰兔和白兔。冬天，谁都能分辨出它们，因为一只是灰色的，一只是白色的。可夏天到了，它们都变成了灰色。现在，你怎么分辨它们呢？

问题10

图中画的三只小兽，它们分别是谁？你知道它们之间有什么区别吗？

图 1　　图 2　　图 3

配套试题

一、基础知识。

1. 看拼音，写词语。

lǜ yīn（　　）　zhì 留（　）　mí zú zhēn guì（　　　　）

méng lóng（　　）　lǚ 丝（　）　xī xī lì lì（　　　　）　háng 引（　）高歌

2. 比一比组词。

烧（　　）　惶（　　）　顷（　　）　仗（　　）

绕（　　）　慌（　　）　倾（　　）　丈（　　）

3. 选出带点字在不同句子中的意思。

①寂静　②纯净　③整理　④清楚

（1）等到春水完全退下去，露出河岸，水也开始变清的时候，你就可以开始钓梭鱼了。（　　）

（2）这条街一到晚上就很少有行人，显得十分冷清。（　　）

（3）这时渔人才看清，那是一只浑身上下湿淋淋的松鼠。（　　）

（4）他让我清理一下物资，然后把账目交给他。（　　）

4. 从下列词语中选择合适的关联词填到括号中。

如果……那么……　　因为……所以……

只要……就……　　虽然……可……

（1）（　　　）坚持锻炼身体，（　　　）他很少生病。

（2）（　　　）你捉到了一只脚上戴着金属环的鸟，（　　　）就请你记下脚环上的字母和号码，然后把鸟放掉。

（3）老树的皮（　　　）又硬又苦，（　　　）算可以入口。

（4）（　　　）一看到它们，猛兽们（　　　）会猛扑过去，把它们抓住。

5. 按要求改写句子。

（1）孩子们都觉得奇怪，它们什么时候睡觉呢？（改为陈述句）

____

（2）在破坏鸟巢这种事情上，松鼠是不会输给任何一个猛禽的。（改成反问句）

____

6. 排列句子顺序。

（　　）昏头昏脑的苍蝇闲来无事，撞来撞去，不知道该干些什么。

（　　）柳树开花了。

（　　）现在，它从头到脚都变得毛茸茸、轻飘飘的，一副喜气洋洋的模样。

（　　）你看，在那漂亮的树丛周围，身体粗壮的雄蜂嗡嗡地飞着，寻找合适的蜜源。

（　　）而精明强干的蜜蜂早就在那儿翻动着一根根纤细的雄蕊，采集花粉了。

(　　)它那疙里疙瘩的灰绿色的枝条，被无数轻盈的嫩黄色小球遮得看不见了。

(　　)不过，高兴的可不止柳树——它们开花了，那些小昆虫的节日就到了！

二、阅读理解。

“猎　鱼”

我们的国家疆域辽阔。在列宁格勒，春天打猎的季节早就过去了，可在北方，河水刚刚泛滥，正是打猎的好时候。所以，这个时候，很多猎人都赶到北方去打猎。

天空中布满了乌云，黑漆漆的夜伸手不见五指。我和塞索伊奇划着小船，在林中的小河里缓缓前进。塞索伊奇是个出色的猎人，能打各种飞禽走兽。不过他不喜欢捕鱼，甚至有些瞧不起钓鱼的人。所以，今天我们虽然也是去捕鱼，可他却一口咬定他是去“猎鱼”的。

不久，小船穿过小河，来到广阔的泛滥地区。周围尽是灌木，望过去黑乎乎的一片。不过，再往前就是森林了，看上去，就像一堵黑沉沉的墙。夏天，在这条小河和森林之间，有一条窄窄的水道，穿过去就可以进入湖泊。可是现在，水很深，用不着经过这条水道，小船就可以自由地在灌木丛中穿行。

在小船的船头有一块铁板，上面堆满了枯枝。塞索伊奇点燃了船头的枯树枝，红红的火光照亮了周围的水面，也照亮了光秃秃的灌木丛。

现在，我们可没工夫四处张望，我们只是注视着下面被火光照亮了的水的深处。我轻轻地划着桨，小船静静地前进着。我们已经来到了大湖，在我的眼前，出现了一个奇幻的世界。

湖面上一片昏暗，火光只能照到水下两米深的地方。无数巨人隐藏在湖底，只露出头顶，乱蓬蓬的长发无声无息地漂动，是水藻还是水草呢?

我正在胡思乱想，一个银色的小球突然从水里浮上来。它上升得很快，眼看就要冲出水面，碰到我的眼睛了，我不由得缩了一下头。就在这时，它冒出水面，炸开了，原来只是个普通的沼气泡。

现在的我，感觉就像坐在飞艇上，在一个陌生的星球飞行。

好些岛屿从我们的身边溜过，上面长满茂密的树木。许多黑黑的触须从水里伸出来，好像怪物的手臂，到底是什么呀！我又仔细看了看，原来是一棵淹没在水里的树。那些触须是它交错的树根。

这时，塞索伊奇从船头站起来，左手举起了鱼叉。他的脸被火光照得通红，我看到他转过头，朝我做了个鬼脸。于是，我便把小船停住了。

塞索伊奇小心翼翼地把鱼叉伸到水里，顺着他的视线，我看见水深处有个笔直的黑长条儿。起初我以为那是根棍子，后来才瞧清楚，原来是条大鱼的脊背。塞索伊奇把鱼叉斜对着那条鱼，慢慢地向更深处伸去。突然，他猛地一戳，鱼叉刺进了那鱼的脊背。湖水翻腾起来，塞索伊奇拽回鱼叉，上面扎着条大鲤鱼，足足有两千克，还在不停地挣扎呢！塞索伊奇把它弄下来，扔到船里。

小船继续前进，水底世界的迷人景色，一幕一幕从我的眼前浮过。塞索伊奇已经“猎”到了好几条大鱼，我还舍不得把视线从眼前的美景上移开。

……

1. 下面的句子中，括号里可以加上的关联词是（　　）

（　　）天空中布满了乌云，（　　）黑漆漆的夜伸手不见五指。

A. 虽然……但是……　　B. 即使……也……

C. 既然……那么……　　D. 因为……所以……

2. 对文中加点的词语解释有误的是（　　）

A. 自由：公民在法律规定的范围内，其自己的意志活动有不受限制的权利。

B. 茂密：茂盛而繁密。

C. 翻腾：飞腾；翻滚。

D. 四处张望：形容这里那里地到处看。

3. 下面句子中，画线部分词语不可以用括号里面的词语代替的有（　　）

A. 我们的国家疆域辽阔。（幅员辽阔）

B. 不过他不喜欢捕鱼，甚至有些瞧不起钓鱼的人。（看不上）

C. 现在，我们可没工夫四处张望。（功夫）

D. 塞索伊奇已经“猎”到了好几条大鱼，我还舍不得把视线从眼前的美景上移开。（不舍得）

4. 填空。

《森林报》这部名著是________（国名）著名科普作家________的代表作，作者用轻快的笔调，采用________形式，按________、________、________、________四个季节________个月，有层次、有类别地报道森林中的新闻。

5. 利用原文中的话回答，作者为什么说“现在的我，感觉就像坐在飞艇上，在一个陌生的星球飞行”？

____

____

三、作文。

写一件发生在你身边的有趣的事情，句子通顺，300字左右。

参考答案

春季第一月——冬眠苏醒月

一年：12个月的欢乐诗篇——3月

1. 兴高采烈 冰雪融化 体质强健 庞然大物 2.（1）冰挂 （2）鸽子 3. 略

森林大事典

1. 绿油油 黄澄澄 喜洋洋 2. 鹞鹰 3. 立春

城市新闻

1. 燕 雁 雀 雕 2. 开幕 假冒 3. 略

农庄新闻

1. 不辨菽麦或者四体不勤，五谷不分 2. 人们精心地保护这些细小的小麦。 3. 略

狩 猎

1. 阴阳怪气：形容态度怪癖，冷言冷语，不可捉摸。 蒙眬：眼睛欲闭又开。形容醉态或睡态。 惊慌失措：由于惊慌，一下子不知怎么办才好。失措：失去常态。 2. 猫头鹰 3. 略

无线电通报：呼叫东西南北

1. 地名：北极、中亚细亚、远东、乌苏里边区、乌克兰、非洲、雅马尔半岛、外贝加尔草原、西伯利亚、高加索山脉、中亚细亚沙漠、北冰洋、格陵兰、黑海、地中海、博斯普鲁斯海峡、巴统城、里海、伏尔加河、乌拉尔河、卡马河、奥卡河、波罗的海 动物：熊、乌鸦、云雀、家燕、雨燕、野鸭、狗、土拨鼠、獾、狐狸、浣熊、比目鱼、老虎、白鹳、蜜蜂、蜂虎、驯鹿、羚羊、狼、白嘴乌鸦、寒鸦、雪豹、牡鹿、兔子、野绵羊、蜥蜴、蛇、兀鹰、乌龟、沙漠莺、鹟、海豹、海豚、海鸥、海鲱鱼、鲟鱼、小鳁鱼、小鲱鱼、鳖鱼 植物：马铃薯、棉花、桃树、梨树、苹果树、扁桃、白头翁、风信子、小麦、青苔 身体部位：腿、耳朵、鼻头、眼睛、脸颊、腰身、脊背 2. 成群结队 你追我赶 风和日丽 天涯海角 3. 在高加索山，春天是从低处开始的，然后才到高的地方。 4. 它们在哪里集合，哪里就会有成群的海豚。

锐眼竞赛

1. 吃谷类和浆果的鸟，嘴巴都又粗又硬；吃昆虫的鸟，嘴巴都又细又软；吃肉的鸟，嘴巴都像钩子，这样才能把肉撕碎。据此推理，第一种鸟吃小兽和其他的鸟，第二种鸟吃昆虫，第三种鸟吃谷类和浆果。 2. 这棵树的树皮是在冬天的时候被兔子啃掉的。冬天，地上的积雪很厚，兔子啃掉的是靠近积雪的树皮。

春季第二月——候鸟返乡月

一年：12个月的欢乐诗篇——4月

1. 暗流涌动：暗地里已经酝酿、形成了某种比较明确的动向。 密密匝匝：形容非常稠密的样子。 2. 浓雾、海上的风暴、猛禽、猎人。 3. 略

森林大事典

1.（1）活力；生命力；生机。 （2）发怒；因不合心意而不愉快。 2. 小瓶子。 3. 鼯鼠。

飞鸟带来的紧急信件

1. 快速　安定　喧闹　2. 鸥鸟和沙锥。　3. 到岸边产卵的鱼。

农庄新闻

1. 蟋　蟀　蛛　2. 那些被犁和耙从土里翻出来的蛆虫、甲虫以及甲虫的幼虫，都是鸟儿们的好点心。　3. 在牛、马的背上藏着许多牛虻或马虻的幼虫，另外还有苍蝇的卵，它们弄得这些大家伙很难受。而那些寒鸦和椋鸟，就是帮它们啄食这些“吸血鬼”的。

城市新闻

1. 边　过　这　还　连　逃　2. 一种是家燕，它长着剪刀似的长尾巴，喉部还生有一个火红的斑点。另一种是金腰燕，短尾巴，咽喉上披着一片白羽毛。还有一种是灰沙燕，个子小小的，套着褐色的外衣，但胸脯是白色的。　3. 略

锐眼竞赛

3. 天鹅。　4. 大雁。　5. 鹭鸶。　6. 鹤。　7. 较矮的那棵是在旷野里长大的，较高的那棵是在密林里长大的。

春季第三月——歌唱舞蹈月

一年：12个月的欢乐诗篇——5月

1. 炎热　光明　2. B　3. 略

森林大事典

1. 打盹　预料　乱七八糟　2. 它腾身冲入云霄，然后张开尾巴，头朝下俯冲下来。它的尾巴兜着风，发出“咩咩”的声音，就好像羊羔飞上了半空！　3. 翠鸟、金莺、小川驹鸟、黄鹡鸰、伯劳、五彩流苏鹬、佛法僧鸟、秧鸡。

农庄新闻

1. 绵羊　2. （1）除草（2）剪羊毛（3）授粉

城市新闻

1. 麋（mí）鹿（lù）　翻（fān）译（yì）　河（hé）畔（pàn）　啮（niè）齿（chǐ）　2. 蝙蝠是靠耳朵飞行的。它们在飞的时候，嘴里会发出一种人的耳朵听不见的尖细的叫声，人们把这种叫声称为超声波。这种声波无论碰到什么障碍都会反射回蝙蝠的耳朵，蝙蝠就是靠着这个“探测器”前进的。　3. 略

狩　猎

1. 塞索伊奇不喜欢捕鱼，甚至有些瞧不起钓鱼的人。　2. 嘉弗里奇的小牛。　3. 略

锐眼竞赛

8. 图1是矶凫。它浮在水面上时身体后部的突起处浸在水里。图2是野鸭。它浮在水面上时身体的后部会抬起来。　9. 前者是灰兔。它的个头儿较大，尾巴也比白兔的长。后者是白兔。它的耳朵短，尾巴圆圆的，全身呈灰色。　10. 图1是鼩鼱，图2是家鼠，图3是野鼠。它们的区别是：鼩鼱的嘴长长的，身子弓起，眼睛藏在长毛里面。家鼠和野鼠的嘴巴则都是短的，只是家鼠的尾巴较长。

配套试题

一、1. 绿茵　滞　弥足珍贵　蒙胧　缕　淅淅沥沥　引吭高歌　2. 烧火　惶恐　顷刻　打仗　围绕　慌张　倾倒　丈量　3. ②　①　④　③　4. （1）因为……所以……（2）如果……那么……（3）虽然……可……（4）只要……就……　5. （1）孩子们都很奇怪它们什么时候睡觉。（2）在破坏鸟巢这种事情上，难道松鼠会输给任何一个猛禽吗？　6. （6）（1）（3）（5）（7）（2）（4）　二、1. D　2. A　3. C　4. 前苏联　比安基　报刊　春　夏　秋　冬　十二　5. 湖面上一片昏暗，火光只能照到水下两米深的地方。无数巨人隐藏在湖底，只露出头顶，乱蓬蓬的长发无声无息地漂动……　一个银色的小球突然从水里浮上来。它上升得很快，冒出水面，炸开了，原来只是个普通的沼气泡。现在的我，感觉就像坐在飞艇上，在一个陌生的星球飞行。
三、略。